Samia Achour

Chloration Des Eaux De Surface Algeriennes

Samia Achour

Chloration Des Eaux De Surface Algeriennes

Incidence Sur La Qualité Physico-chimique Des
Eaux

Presses Académiques Francophones

Mentions légales / Imprint (applicable pour l'Allemagne seulement / only for Germany)
Information bibliographique publiée par la Deutsche Nationalbibliothek: La Deutsche Nationalbibliothek inscrit cette publication à la Deutsche Nationalbibliografie; des données bibliographiques détaillées sont disponibles sur internet à l'adresse http://dnb.d-nb.de.
Toutes marques et noms de produits mentionnés dans ce livre demeurent sous la protection des marques, des marques déposées et des brevets, et sont des marques ou des marques déposées de leurs détenteurs respectifs. L'utilisation des marques, noms de produits, noms communs, noms commerciaux, descriptions de produits, etc, même sans qu'ils soient mentionnés de façon particulière dans ce livre ne signifie en aucune façon que ces noms peuvent être utilisés sans restriction à l'égard de la législation pour la protection des marques et des marques déposées et pourraient donc être utilisés par quiconque.

Photo de la couverture: www.ingimage.com

Editeur: Presses Académiques Francophones est une marque déposée de
Südwestdeutscher Verlag für Hochschulschriften GmbH & Co. KG
Heinrich-Böcking-Str. 6-8, 66121 Sarrebruck, Allemagne
Téléphone +49 681 37 20 271-1, Fax +49 681 37 20 271-0
Email: info@presses-academiques.com

Produit en Allemagne:
Schaltungsdienst Lange o.H.G., Berlin
Books on Demand GmbH, Norderstedt
Reha GmbH, Saarbrücken
Amazon Distribution GmbH, Leipzig
ISBN: 978-3-8381-8912-3

Imprint (only for USA, GB)
Bibliographic information published by the Deutsche Nationalbibliothek: The Deutsche Nationalbibliothek lists this publication in the Deutsche Nationalbibliografie; detailed bibliographic data are available in the Internet at http://dnb.d-nb.de.
Any brand names and product names mentioned in this book are subject to trademark, brand or patent protection and are trademarks or registered trademarks of their respective holders. The use of brand names, product names, common names, trade names, product descriptions etc. even without a particular marking in this works is in no way to be construed to mean that such names may be regarded as unrestricted in respect of trademark and brand protection legislation and could thus be used by anyone.

Cover image: www.ingimage.com

Publisher: Presses Académiques Francophones is an imprint of the publishing house
Südwestdeutscher Verlag für Hochschulschriften GmbH & Co. KG
Heinrich-Böcking-Str. 6-8, 66121 Saarbrücken, Germany
Phone +49 681 37 20 271-1, Fax +49 681 37 20 271-0
Email: info@presses-academiques.com

Printed in the U.S.A.
Printed in the U.K. by (see last page)
ISBN: 978-3-8381-8912-3

CHLORATION
DES EAUX DE SURFACE ALGERIENNES

INCIDENCE SUR LA QUALITE PHYSICO-CHIMIQUE DES EAUX

Samia Achour, Professeur au laboratoire LARHYSS- Université de Biskra-Algérie

TABLE DES MATIERES

PREAMBULE

En Algérie, l'eau constitue une denrée de plus en plus rare, vulnérable et difficilement renouvelable. De ce fait, la prise de conscience impose de la gérer d'une manière rationnelle et de se préoccuper des effets de la qualité des eaux sur les écosystèmes naturels mais surtout sur la santé publique. Il importe donc que les ressources en eau, déjà réduites, soit efficacement protégées contre toute nuisance et qu'elles soient traitées afin de produire une eau dont la qualité satisfait à des normes biologiques et physico-chimiques de potabilité (Achour, 2001). La chloration reste un procédé de désinfection efficace, le moins onéreux et le plus répandu à travers le monde, notamment en Algérie où il constitue l'unique procédé de désinfection appliqué. L'intérêt sera porté surtout sur la réactivité des eaux de surface (barrages ou retenues, oueds) vis-à-vis du chlore compte tenu de la présence d'une matrice organique complexe et de substances minérales réductrices, susceptibles d'être fortement réactives vis-à-vis du chlore introduit.

Pour pourvoir à l'alimentation en eau potable et l'irrigation des grands périmètres, on a dû avoir recours à la mobilisation des eaux de surface qui sont cependant de qualité médiocre et peuvent contenir des quantités non négligeables en matières organiques. En effet, dans le cas de la plupart des eaux de barrage destinées à la consommation, les composés organiques de type humique semblent encore prépondérants et peuvent représenter entre 60 et 90% du COT (carbone organique total). Cependant, dans le cas de certains oueds où se font des rejets tant urbains qu'industriels, ces substances naturelles ne représentent qu'au maximum 20 à 30% du COT, indiquant une pollution exogène plus complexe. Ces charges organiques croissantes conduiront à augmenter de plus en plus les doses de chlore nécessaires à la désinfection

(Achour et Moussaoui, 1993 ; Achour et al, 2009). Ce qui pourrait mener à plus ou moins long terme à de grands problèmes de toxicité chronique (effets mutagènes et/ou cancérigènes), dus à la présence de composés organohalogénés générés lors du traitement de chloration.

Les usines de production d'eau potable sont constituées de filières plus ou moins complexes selon la qualité de l'eau destinée à la consommation humaine. La séquence peut aller d'une seule étape de désinfection pour une eau souterraine de bonne qualité à un ensemble comprenant une dizaine d'étapes pour une eau de surface de qualité médiocre.

Dans la pratique, la chloration s'effectue suivant plusieurs modes et dépend de la qualité de l'eau à traiter et les objectifs à envisager (Beaudry, 1984 ; Degrémont, 2005) :

- Une chloration simple consiste en une simple injection de chlore destinée à assurer une teneur en chlore résiduel convenable. Elle est utilisée dans le cas des eaux relativement pures telles que les eaux souterraines.

- Une chloration au point critique vise à assurer l'oxydation de contaminants réducteurs et la destruction de l'ammoniac et des chloramines.

- Une surchloration consiste à appliquer une dose de chlore très élevée. Elle est réservée aux eaux riches en contaminants organiques (algues, planctons). Elle est effectuée en mode de préchloration pour assurer une oxydation maximale.

- Une chloramination est utilisée lorsqu'on veut maintenir une teneur en chlore résiduel persistante pendant plusieurs jours.

Dans le cas des eaux de surface qui contiennent une grande variété de polluants, l'oxydation chimique peut donc apporter une contribution importante à des opérations de base telles que la désinfection mais aussi la dégradation de

8

micropolluants minéraux ou organiques, la destruction de composés toxiques ou la transformation de produits peu biodégradables.

Parmi les oxydants qualifiés de traditionnels, le chlore est un oxydant de force moyenne qui présente les avantages (Doré, 1989) :

- de pouvoir facilement éliminer l'ammoniaque des eaux à potabiliser et la majorité des micropolluants minéraux contenus dans les eaux.

- d'avoir une bonne stabilité dans l'eau sous forme de chlore libre, en l'absence de composés réducteurs et de quantités importantes de composés organiques.

Ce qui est important sur le plan de la désinfection et de la protection sanitaire des eaux de consommation dans le réseau de distribution.

En contrepartie, le chlore présente l'inconvénient de former des composés organohalogénés qui ont pour conséquence une certaine détérioration des qualités organoleptiques et sanitaires de l'eau traitée (Rook, 1974; Kopfler et al., 1984; Bourbigot, 1996).

Notre étude est donc axée sur la caractérisation des problèmes spécifiques de qualité d'eaux algériennes, notamment superficielles, et sur la détermination des conditions de la réactivité de constituants organiques ou minéraux de ces eaux cours de l'étape de chloration. Les substances considérées seront des composés suspectés d'effets toxiques à long terme, produits soit par l'élément initial, soit par ses dérivés générés par ses interactions avec les réactifs introduits au cours du traitement de l'eau.

La première partie de l'étude consiste à présenter les propriétés fondamentales du chlore, sa réactivité ou sa sélectivité vis-à-vis de molécules inorganiques et organiques à structures simples ou complexes caractéristiques des milieux aqueux. Il s'agit de tenter de mettre en exergue aussi bien les possibilités de cet oxydant que ses limites afin de rechercher la meilleure adéquation entre ses propriétés, l'objectif à atteindre lors de la chloration, les

9

caractéristiques de l'eau à traiter et la toxicité induite par des réactions secondaires ou parasites.

Des études assez récentes ont en effet montré que certaines classes de composés organiques (substances humiques, acides aminés, sucres,…) pouvaient jouer un rôle non négligeable dans l'évolution de la qualité bactériologique de l'eau en raison de leur plus ou moins bonne biodégradabilité mais surtout de leur forte demande en chlore (Jadas-Hecart et al., 1992; Clark et al., 1994; Dossier-Berne et al., 1996 ; Achour et Guergazi, 2002 ; Achour et al, 2009).

Une meilleure connaissance des composés spécifiques consommateurs de chlore permettrait ainsi l'optimisation du traitement et la réduction de la demande en chlore concernant les eaux à traiter.

La deuxième partie de cette étude a pour objectif de présenter les résultats de quelques travaux expérimentaux portant sur l'application du procédé de chloration et à son incidence sur la qualité des eaux traitées.

La compréhension des mécanismes de chloration d'une eau de surface chargée en matières réductrices réactives n'étant pas évidente, l'étude se fera dans un premier temps sur des molécules et substances organiques modèles. Il s'agira essentiellement d'étudier expérimentalement les effets de la chloration sur certaines classes de composés organiques susceptibles de se trouver dans les eaux de surface à potabiliser.

Les composés étudiés au cours de ce travail sont représentés par des structures organiques simples aromatiques phénoliques ou aminées ainsi que par des composés macromoléculaires polyaromatiques (substances humiques) représentatifs de la pollution organique naturelle des eaux de surface (Thurman, 1985). Il faut cependant souligner que le choix des composés simples testés a été orienté vers les structures comportant des groupements fonctionnels souvent présents dans la configuration plus ou moins complexe des substances humiques (Mac.Carthy et al., 1985; Norwood et Christman, 1987). Ceci permettra d'appréhender certains mécanismes de réactivité de ces substances vis-à-vis du chlore et d'expliquer de ce fait les résultats obtenus lors de la chloration d'eaux superficielles chargées en substances humiques.

Nous pourrons ensuite comparer les résultats obtenus avec les déterminations réalisées sur des eaux superficielles algériennes. Ce qui permettra une approche des conditions de la mise en œuvre du procédé de chloration et de son optimisation en station de potabilisation.

Au cours des premiers chapitres, l'étude en solutions synthétiques permettra par ailleurs d'évaluer l'impact d'autres paramètres tels que le pH, le taux et le temps de chloration mais aussi celui d'éléments minéraux pouvant jouer un rôle important lors de la chloration d'eaux naturelles.

Nous y présenterons également une brève synthèse de nos résultats concernant la formation de composés organohalogénés volatils (Trihalométhanes ou THM) et non volatils, un dosage global étant représenté par le paramètre TOX ou organohalogénés totaux.

En effet, il faut rappeler que de nombreuses études permettent à présent d'affirmer que de nombreux composés organohalogénés peuvent se former au cours de la chloration de la matière organique des eaux naturelles.

Ceci a été mis en évidence pour la première fois par Rook (1974) lorsqu'il a identifié les différents THM dans des eaux chlorées. Depuis, d'autres travaux ont permis l'identification d'une activité génotoxique dans beaucoup d'extraits d'eaux de consommation (Coleman et al., 1984; Le Curieux et al., 1996, Richardson et al, 2007).

Au cours de ce travail, quatre chapitres seront présentés :

- Le premier constituera une brève synthèse bibliographique sur les propriétés du chlore et l'incidence de la chloration lors de la potabilisation d'une eau de surface.
- Le second et le troisième chapitre présenteront les principaux résultats

expérimentaux se rapportant d'une part à l'évolution des consommations en chlore par des composés modèles organiques en solutions synthétiques de forces ioniques variables et d'autre part à donner un aperçu sur les possibilités de formation de sous-produits de la chloration.

• Le quatrième chapitre présentera les principaux résultats relatifs à la chloration d'eaux de surface algériennes dont la matière organique et les substances humiques auront été évaluées par des paramètres globaux (oxydabilité au $KMnO_4$, C0T, UV, tannins-lignines,…).

Nous nous intéresserons en particulier à la corrélation qui pourrait exister entre la charge organique, notamment de type humique, la composante minérale et les consommations en chlore par ces eaux. Le risque de formation de composés toxiques pourra par ailleurs être illustré par les valeurs des potentiels de formation de composés organohalogénés lors de la chloration de ce type d'eaux.

Afin de prévenir les effets néfastes de la chloration sur la qualité organoleptique et surtout sanitaire des eaux de boisson, nous discuterons enfin l'optimisation des procédés de traitement constituant une filière classique de potabilisation et visant un abattement maximal des substances génératrices de produits nocifs.

Les conclusions de cette discussion, confrontées à celles des essais de chloration permettront de suggérer les méthodes de traitement les mieux adaptées en particulier à la qualité des eaux de la région d'étude.

CHAPITRE I : Le chlore et son rôle dans le traitement des eaux de consommation

I.1. Introduction

L'emploi des oxydants est fondamental aussi bien dans le traitement des eaux de consommation que dans l'épuration de certaines eaux résiduaires. Le début scientifique décisif en a certainement été la désinfection définie comme étant la destruction des micro-organismes pathogènes (White, 1999).

Les critères bactériologiques constituent encore un des objectifs de la chaîne de traitement d'une eau destinée à la consommation humaine. Toutefois, certains oxydants peuvent intervenir sur les substances minérales ou organiques des eaux.

Les principaux oxydants sont le chlore, l'hypochlorite, le dioxyde de chlore, l'ozone, le brome, le permanganate, l'eau oxygénée. En dehors de ces produits chimiques, les radiations UV peuvent également être utilisées (EPA, 2005).

Nous nous limiterons ici à examiner l'action du chlore qui, en raison de sa rémanence et pour des questions économiques et technologiques, est encore utilisé préférentiellement aux autres oxydants (Ellis, 1991).

Au cours de ce chapitre, nous présenterons les principales propriétés physico-chimiques et biocides du chlore. La réactivité du chlore sera abordée en décrivant les réactions chimiques les plus importantes entre le chlore et certains constituants minéraux et organiques des eaux de surface.

Quelques données relatives à la toxicité (mutagénicité, cancérogénicité) des sous-produits de la chloration seront également présentées.

I.2. Propriétés physico-chimiques du chlore

Le chlore peut être utilisé sous forme de chlore gazeux (Cl_2), stocké en phase liquide, en bouteille ou en tank, ou en solutions concentrées d'hypochlorite de sodium (NaClO) ou eau de Javel à 48 degrés chlorométriques.

I.2.1. *Hydrolyse du chlore* (White, 1999; AGHTM, 1981)

Lorsque le chlore gazeux est mis en solution, il s'établit rapidement un équilibre à une température et une pression données : $Cl_{2\ gaz} \rightleftharpoons Cl_{2\ solution}$. Il s'hydrolyse ensuite rapidement selon la réaction :

$$Cl_2 + 2H_2O \rightleftharpoons Cl^- + HClO + H_3O^+$$

La constante d'hydrolyse est $K_H = 3,94.10^{-4}$ mole^2/l^2 à 25 °C.

L'hypochlorite de sodium conduit également à la formation d'acide hypochloreux : $\quad Na^+, ClO^- + H_2O \rightleftharpoons HClO + Na^+ + OH^-$

Mais dans ce cas, la réaction d'hydrolyse provoque une légère remontée du pH.

HClO est un acide faible qui se dissocie en donnant naissance à des ions hypochlorites : $\quad HClO + H_2O \rightleftharpoons ClO^- + H_3O^+$

Sa constante d'équilibre est $K_A = 2,90.10^{-8}$ mole/l à 25 °C. L'équilibre formé est fonction du pH de la solution et assez peu de la température.

Pour de faibles concentrations en halogène, comme c'est le cas dans le traitement des eaux à potabiliser ($Cl_2 \leq 10$ mg/l), on se trouve essentiellement en présence des formes Cl_2, HClO ou ClO$^-$. Si le pH est compris entre 6 et 10, on se trouve en présence d'un mélange d'acide hypochloreux et d'ions hypochlorites en proportions variables. Plus l'eau est alcalinisée et plus l'équilibre se déplace dans le sens d'apparition des ions ClO$^-$.

I.2.2. *Potentiels d'oxydo-réduction* (Martin, 1979; AGHTM, 1981)

Plusieurs auteurs ont attiré, à maintes reprises, l'attention sur l'importance du potentiel d'oxydo-réduction sur l'effet bactéricide des agents chimiques dans l'eau. Mais si le chlore libre est dit actif sous la forme HClO, Cl_2 ou même ClO$^-$, c'est également sous ces formes qu'il sera le plus consommé par les composés réducteurs de l'eau.

La connaissance des potentiels normaux (E_o) des divers couples d'oxydo-réduction permet d'envisager la possibilité de ces réactions. Ainsi, les formes du chlore dans l'eau sont liées par les équilibres Redox suivants :

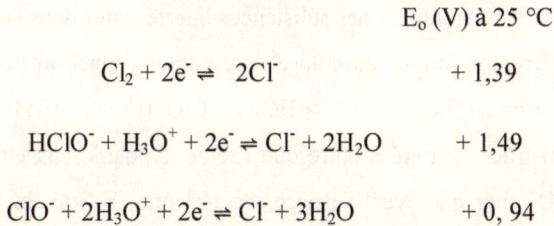

$$E_o \text{ (V) à 25 °C}$$

$$Cl_2 + 2e^- \rightleftharpoons 2Cl^- \qquad\qquad +1,39$$

$$HClO^- + H_3O^+ + 2e^- \rightleftharpoons Cl^- + 2H_2O \qquad +1,49$$

$$ClO^- + 2H_3O^+ + 2e^- \rightleftharpoons Cl^- + 3H_2O \qquad +0,94$$

I.3. Désinfection et mécanismes d'inactivation des microorganismes

Le traitement de l'eau, par les agents coagulants et par la filtration, peut contribuer à supprimer les microorganismes saprophytes ou pathogènes que l'on trouve régulièrement dans les eaux superficielles (Leclerc, 1986). Néanmoins, une certaine partie des bactéries et des virus subsiste jusque dans les eaux filtrées. Une désinfection terminale est donc indispensable.

I.3.1. *Efficacité de la chloration*

Dès le début du 20 ème siècle, la chloration a été très largement appliquée à la désinfection des eaux d'alimentation. Grâce à elle, la transmission de nombreuses épidémies infectieuses d'origine hydrique a été enrayée, surtout dans les pays industrialisés (Ellis, 1991). Depuis, d'autres méthodes ont pu être développées en utilisant des agents désinfectants avec un pouvoir d'inactivation satisfaisant (ozone, dioxyde de chlore, UV). Toutefois, le chlore libre resterait le plus recommandable dans la désinfection des eaux de consommation.

Ceci se justifierait par l'efficacité de son activité biocide vis-à-vis de micro-organismes pathogènes variés (bactéries, virus, kystes de protozoaires) et par la persistance d'un taux résiduel du désinfectant après le traitement pour éviter toute recontamination. La facilité de mise en œuvre du procédé et son coût modéré sont également pris en compte (Ellis, 1991; Bourbigot, 1996).

15

D'une manière générale, l'efficacité de la chloration dépendra de la composition microbienne de l'eau, de la quantité de chlore mise en œuvre, du temps de contact et de la forme chimique du chlore qui dépend elle-même du pH, de la température et des substances interférentes dans l'eau.

Les différentes formes du chlore libre auraient ainsi un pouvoir biocide inégal selon l'ordre d'efficacité : Cl_2 > HClO > ClO⁻ (Chang, 1944; White, 1999).

En particulier, il a été montré que l'acide hypochloreux était 80 fois plus actif que ClO⁻ pour inactiver l'espèce bactérienne E.Coli et 150 fois plus pour détruire les kystes d'Entamaeba histolytica (White, 1999). Ceci peut s'expliquer par le fait que HOCl, grâce à sa faible taille moléculaire et à sa neutralité, peut traverser plus aisément les parois cellulaires que la forme dissociée ClO⁻ (Sletten, 1974).

On comprend alors l'intérêt de bien connaître les pourcentages respectifs de ces formes du chlore et donc à maîtriser des paramètres tels que le pH et la température.

Dans la pratique actuelle du traitement de l'eau, c'est le paramètre C.t qui est le plus utilisé pour exprimer, évaluer et comparer l'activité biocide d'un désinfectant vis-à-vis d'un type précis de micro-organisme ; "C" est la concentration en chlore et "t" est le temps de contact.

Les caractéristiques physico-chimiques conditionneraient ce produit "C.t" qui augmenterait avec le pH et varierait d'une manière inversement proportionnelle à la température (Tableau 1).

Le temps de contact dépendant des structures de la station, il ne peut être facilement maîtrisé pour améliorer la valeur de "C.t" (Bourbigot, 1996). La seule alternative consiste donc à augmenter la concentration en chlore ou, si la forme ClO⁻ est prédominante à ajuster le pH pour favoriser l'apparition de HOCl.

Dans le cas du traitement des eaux de surface, plusieurs auteurs (Lippy, 1986; Leclerc, 1988) proposent une règle empirique préconisant des valeurs d'un "C.t" minimum de 100 ou 150 relatif à l'inactivation des protozoaires qui sont les plus résistants au chlore. Ceci assurerait plus facilement l'inactivation de germes sensibles (bactéries et virus) même à des températures très basses, de l'ordre de 5°C.

Tableau 1: Valeurs du produit "C.t" pour 99% d'inactivation
de microorganismes par le chlore (Ellis, 1991)

Micro-organisme	Température (°C)	pH	C.t (mg/min.l)
Escherichia Coli	5	6	0,045
E.Coli	5	10	0,840
E.Coli	23	7	0,014
Poliovirus.I	20	6	0,5-0,7
Giardia-Lamblia	5	8	110

I.3.2. *Mécanismes d'inactivation des microorganismes*

Pour être germicide, un composant doit traverser la membrane bactérienne ou virale et donc être solubilisé au niveau de cette membrane.

L'inactivation de certaines bactéries et virus par le chlore se déroulerait ainsi en deux étapes (Block, 1982) :

- diffusion du chlore à travers la membrane cellulaire
- oxydation de molécules vitales intervenant dans le métabolisme du micro-organisme.

Le chlore attaquerait ainsi certaines protéines, des bases puriques et pyrimidiques, des coenzymes intervenant dans la formation de l'ATP (Adénosine triphosphate) ou une enzyme (triosephosphate dehydrogenase) agissant comme catalyseur dans l'utilisation du glucose (White, 1972; Leclerc, 1988). En ce qui concerne les virus, les mécanismes ne sont pas bien connus. Toutefois, le site ciblé serait l'acide nucléique, la capside étant perméable aux molécules d'oxydant (Block, 1982; Culp, 1974).

Il faut cependant signaler que les virus semblent plus résistants que les bactéries à l'action du chlore, notamment dans le cas d'agrégation de ces virus ou de leur adsorption sur un support (matières en suspension, substances humiques). D'où la nécessité de réduire au maximum la turbidité d'une eau avant de mettre en œuvre la désinfection par le chlore.

Enfin, lorsque le chlore est introduit dans l'eau, il peut réagir avec d'autres substances minérales ou organiques. Ces combinaisons constituent des interférences par rapport à la désinfection car elles consomment une partie ou la totalité du chlore qui est ainsi soustrait au pouvoir biocide.

I.4. Action du chlore sur la matière minérale

I.4.1. *Action sur l'ammoniaque*

L'azote ammoniacal se trouve naturellement présent dans toutes les eaux de surface puisqu'il représente un produit de décomposition de nombreuses matières organiques ou minérales. Les concentrations rencontrées dans les cours d'eau ne dépassent généralement pas 1 mg/l sauf en présence de pollutions d'origine urbaine ou agricole (Martin, 1979).

Le chlore reste actuellement un réactif de choix pour l'élimination de l'ammoniaque. Base faible, cet ammoniaque se trouve dans l'eau soit sous forme moléculaire (NH_3), soit sous forme ionisée (NH_4^+) suivant l'équilibre:

$$NH_3 + H_2O \rightleftharpoons NH_4^+ + OH^-, \ pKa = 9,26 \ \text{à } 20\ °C \ (\text{Tardat-Henry, 1984})$$

I.4.1.1. *Formation des chloramines*

Le chlore réagit avec l'ammoniaque pour donner des dérivés N-chlorés ou chloramines. Suivant le rapport chlore/azote ammoniacal et surtout suivant le pH, on obtient de la monochloramine (NH_2Cl), de la dichloramine ($NHCl_2$) ou de la trichloramine (NCl_3) (Martin, 1979; Doré, 1989).

L'apparition rapide des monochloramines serait favorisée pour des pH voisins de la neutralité tandis que celle des dichloramines le serait pour $3 < pH < 5$ et des trichloramines pour $pH < 3$ (White, 1972; Strupler, 1974).

Ces chloramines possédant un pouvoir désinfectant et oxydant médiocre (Ellis, 1991), la chloration devra aboutir à la dégradation totale de l'azote ammoniacal jusqu'à apparition du chlore libre. La dose optimale de chlore correspond alors au " break-point " ou point de rupture (Doré, 1989).

I.4.1.2. *Mise en évidence du "break-point"*

Ce phénomène de "break-point" fut mis en évidence par Griffin et Chamberlain (1941). Ils constatèrent que l'ajout de doses croissantes de chlore à une eau contenant de l'ammoniaque aboutissait non seulement à la disparition de cet ammoniaque mais aussi à l'augmentation du chlore résiduel total puis à sa rediminution jusqu'à un point où il recommençait à augmenter sous forme de chlore libre.

Des investigations plus poussées et concernant ce phénomène furent ensuite menées en Angleterre par Palin (1950) et aux USA par Fair et Morris (1948). Il est apparu que la courbe représentant l'évolution du chlore résiduel total (chloramines + chlore libre) en fonction de la dose de chlore introduit pouvait être décomposée en trois zones :

- Zone I : Formation des chloramines
- Zone II: Destruction des chloramines
- Zone III: Accumulation du chlore libre.

Pour des taux suffisamment élevés, la réaction conduit à l'oxydation de l'ammoniaque jusqu'au stade d'azote N_2. En considérant la réaction d'hydrolyse du chlore dans l'eau, la réaction globale peut s'écrire :

$$3Cl_2 + 2NH_3 \rightleftharpoons N_2 + 6Cl^- + 6H^+$$

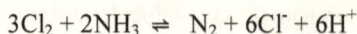

La stœchiométrie de cette réaction implique une consommation de 7,6 mg pour la dégradation totale de 1 mg d'azote ammoniacal et correspond au "break-point".

I.4.1.3. *Chloration au "break-point" des eaux de surface*

La courbe relative à la chloration d'une eau naturelle peut être plus complexe et peut faire apparaître une zone supplémentaire correspondant à une consommation instantanée du chlore ajouté par des éléments très réducteurs de l'eau (Figure 1).

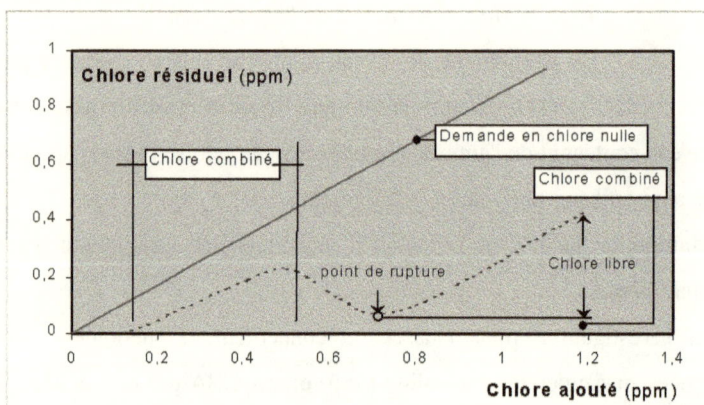

Figure 1: Courbe de "break-point" d'une eau naturelle (Doré, 1989)

Dans ce cas, la position du point de rupture peut être déplacée vers des valeurs du rapport massique Cl_2/NH_3 supérieures à 7,6 (White, 1972; Martin, 1979).

Pratiquement, lors de la chloration d'une eau naturelle plus ou moins riche en NH_3 et en réducteurs minéraux et organiques, il faudra procéder à des essais de "break-point" permettant de déterminer la demande en chlore de cette eau.

La dose optimale à appliquer devra être telle que le point critique (BP) soit légèrement dépassé et que le chlore libre soit compris entre 0,2 et 0,4 mg/l pour assurer la rémanence du désinfectant (Tardat-Henry, 1984).

I.4.2. *Autres micropolluants minéraux*

A pH bas, donc en présence d'acide hypochloreux, les ions ferreux et manganeux peuvent être oxydés sous forme d'ions ferriques ou manganeiques insolubles qui pourront être éliminés sur un filtre (Leclerc, 1988; Doré, 1989).

Toutefois, la présence dans l'eau d'ammoniaque ou de composés organiques empêche l'oxydation du manganèse tant qu'il n'y a pas de chlore libre dans le milieu (Gianissis et al., 1985).

Les nitrites sont oxydés en nitrates par le chlore libre. Cette oxydation est nettement plus rapide que la formation de chloramines et est donc indépendante de la teneur en ammoniaque (Doré, 1989).

Quant à l'hydrogène sulfuré H_2S, générateur de mauvaises odeurs, il réagit instantanément avec le chlore pour précipiter sous forme de soufre élémentaire ou de sulfates. Le facteur déterminant dans la formation des produits de réaction est le pH (Ellis, 1991).

Dans la pratique du traitement des eaux potables, la destruction de H_2S n'est pas aussi simple à cause de réactions secondaires pouvant conduire à la formation de sulfites ou de thiosulfates.

Par ailleurs, lors de la chloration des eaux naturelles, le chlore peut oxyder des bromures présents dans ces eaux à des taux variables compris entre 50 et 150 µg/l et excédant rarement 1 mg/l (Merlet et al., 1982).

Compte tenu des potentiels d'oxydo-réduction des couples suivants :

$HBrO/Br^-$, E_o = 1,33 V; BrO^-/Br^- , E_o = 0,70 V, il apparaît que l'acide hypochloreux ou l'ion hypochlorite peuvent réagir avec les bromures. L'oxydation des bromures par l'acide hypochloreux ou l'ion hypochlorite aboutit respectivement à l'acide hypobromeux (HBrO) ou l'hypobromite (BrO^-) qui constitueront ainsi de nouvelles espèces oxydantes. Toutefois, le pouvoir oxydant du brome sera fonction du pH comme dans le cas du chlore (Doré, 1989). Mais le chlore sera un oxydant plus fort que le brome en milieu acide tandis que les pouvoirs effectifs des deux halogènes deviendront comparables en milieu neutre et s'inverseront même en milieu alcalin.

Au vu de tout ceci, il est prévisible que la chloration d'une eau contenant simultanément des bromures et de l'ammoniaque sera le siège d'un grand nombre de réactions compétitives.

I.5. Réactivité du chlore vis-à-vis de la matière organique

L'impact du chlore sur la matière organique des eaux de surface ne conduit généralement qu'à une faible diminution de paramètres globaux comme l'oxydabilité au $KMnO_4$ ou le COT (moins de 5 à 10%) (Merlet, 1986; Achour, 1992). Cependant, la forte demande en chlore de certaines eaux et l'éventuelle toxicité des produits formés incite les traiteurs d'eau à s'intéresser de plus en plus aux réactions spécifiques du chlore avec certaines classes de substances organiques.

Nous commencerons donc par un inventaire non exhaustif des principales catégories de matières organiques présentes dans les eaux de surface en insistant particulièrement sur quelques structures qui peuvent jouer un rôle dans le processus d'oxydation par le chlore.

La réactivité du chlore sera appréhendée par l'étude de la consommation en chlore et de la formation de sous-produits de la chloration.

I.5.1. *Les grandes classes de composés organiques des eaux de surface*

La charge organique d'une eau de surface peut représenter quelques mg/l à plus d'une dizaine de mg/l de carbone organique dissous comme le montre le tableau 2.

Bien qu'il soit très difficile d'établir une classification rigoureuse des différentes matières organiques, on peut toutefois les différencier selon leur origine naturelle ou artificielle.

La plus grande quantité de ces substances serait d'origine naturelle et proviendrait de la dégradation de végétaux, de métabolites d'algues ou de microorganismes.

Parmi les matières organiques naturellement présentes dans les cours d'eau, nous développerons les caractéristiques des substances humiques qui, comme nous l'avons déjà signalé, représentent la majeure partie du COD des eaux naturelles, en moyenne 40 à 60% (Thurman, 1985; Legube et al., 1990). Elles sont considérées comme réfractaires à la biodégradation mais responsables d'une part notable de la demande en chlore à court et à long terme.

Tableau 2: Charges organiques de différentes eaux à travers le monde

Pays	Eau de surface	COD (mg/l)	Référence
France	Rivière l'Oise	3-6,5	Dossier et al., 1996
France	Retenue Pornic Gatineau	10,1-13,7	Le Curieux et al., 1996
France	Retenue Kerne Uhel	4,9-15	Nakache et al., 1996
France	Rivière Elorn	4,9-9,7	Gruau et al, 2004
Congo	Fleuve Congo	4,7-25,5	Laraque et al., 1998
USA	Fleuve Mississipi	5-10	Semmens, 1979
Russie	Rivière Potgumak	2,1-7,8	Kostyal et al., 1994
Canada	Rivière Outaouais	6-8	Desjardins et al., 1991
Australie	Retenue Anstey Hill	4,9-7,1	Kaeding et al., 1992
Estonie	Lac Narva	12-19	Kostyal et al., 1994
Pologne	Rivière Vistula	2,2-7,8	Kostyal et al, 1994
Finlande	Lake Paijanne	5,1-15,2	Vahala,2002
Algérie	Barrage Keddara	5-5,1	Achour, 1992
Algérie	Barrage Foum El Gherza	2,4-4,90	Harrat et Achour, 2007
Algérie	Barrage Mexa	6,3- 15,8	Achour et al, 2009

Nous décrirons également les propriétés des acides aminés qui ne représentent que 1 à 10% du COD mais qui ont la particularité d'être à la fois facilement biodégradables et fortement consommateurs de chlore (Thurman, 1985; Dossier et al., 1996).

Enfin, nous présenterons quelques données concernant les micropolluants dont l'origine est due à l'activité humaine (activité agricole, rejets industriels et urbains). Leurs concentrations dans les eaux naturelles sont généralement faibles, de l'ordre du µg/l, voire du ng/l (pesticides, phénols, solvants,…) (Kostyal et al., 1994; Malleviale et al., 1982).

I.5.1.1. *Les substances humiques*

Elles proviennent de l'oxydation chimique et biologique de polysaccharides, de protéines et dérivés de tannins et lignines puis de leur polymérisation. Elles sont peu biodégradables et peuvent demeurer stables pendant de longues périodes dans les systèmes aquatiques (100 à 1000 années) (Thurman, 1985; Zumstein, 1989).

a) Caractérisation des substances humiques (SH)

Elles se présentent sous forme de complexes amorphes, hydrophiles, acides et chargées négativement dans les conditions de pH des eaux naturelles. Ces substances donnent aux eaux une coloration jaune-brun et bien qu'en réalité en partie dissoutes, elles se classent parmi les colloïdes à cause de leurs dimensions (environ 1000 angströms) et leurs masses moléculaires élevées (500 à 200.000 daltons) (Thurman et Wershaw, 1982).

On peut les doser globalement par colorimétrie (méthode des tannins-lignines) (Rodier, 1984) et les teneurs mesurées dans les eaux de surface sont toujours supérieures au mg/l.

Ainsi, aux USA, dans plusieurs eaux de surface colorées, les teneurs variaient de 15 à 50 mg/l (Semmens, 1979). Une étude concernant le cours du Rhin indique une contribution des SH au COD entre 25 et 42% (Sontheimer, 1972).

Dans les eaux de surface bretonnes, les teneurs sont de l'ordre de 5 à 30 mg/l selon les saisons (Le Cloirec et al., 1983). Une autre étude réalisée sur l'eau brute de Mery-sur-Oise indique que la fraction de SH représente 42 à 53% du COD, ce dernier variant de 3 à 6,5 mgC/l avec des pointes en saison froide (Dossier et al., 1996).

En Algérie, le suivi de la qualité de plusieurs eaux de surface du nord du pays a abouti à des concentrations de 6,3 à 12,3 mg/l représentant jusqu'à 60 à 90% du COT des eaux de barrage (Achour, 1993a). Les eaux du sud algérien présentent toutefois des teneurs plus faibles en SH, de l'ordre de 3 mg/l (Guesbaya et Achour, 1996) du fait de leur dureté élevée.

Les substances humiques peuvent également être fractionnées par voie chimique en deux principaux groupes :

- acides humiques (AH) solubles dans une base forte mais insolubles dans un acide fort.
- Acides fulviques (AF) solubles à la fois dans un acide et une base.

Pour leur extraction et leur séparation, l'utilisation de résines macroporeuses de type XAD-8 semble être à l'heure actuelle la plus intéressante (Thurman et Malcolm, 1981).

Les acides fulviques, plus solubles que les acides humiques représentent toujours la fraction la plus importante, soit 80 à 85% des SH (Legube et al., 1990).

b) Propriétés chimiques

Les substances humiques sont des composés absorbant à la fois dans l'ultraviolet et dans le visible sans présenter de bande caractéristique (Thurman, 1985; Croué, 1987). La composition élémentaire moyenne des SH est la suivante :

$$C = 40 \text{ à } 60\% \; ; \; O = 30 \text{ à } 50\% \; ; \; H = 4 \text{ à } 6\% \; ; \; N = 1 \text{ à } 6\%.$$

Les AF contiennent plus d'oxygène et moins de carbone et d'azote et sont caractérisés par des teneurs plus élevées en groupements oxygénés : COOH, OH, C=O.

Il faut signaler que les propriétés chimiques des SH sont directement associées à leur forte teneur en groupements fonctionnels carboxyliques (4 à 6,8 meq/gSH) et hydroxyles (0,7 à 3,8 meq/gSH) (Croué, 1987; Norwood et Christman, 1987). Ce qui a pour conséquence l'intervention de ces substances dans l'équilibre ionique des eaux naturelles ainsi que dans des phénomènes d'adsorption et de complexation vis-à-vis de composés organiques (protéines, pesticides, plastifiants) ou minéraux (métaux lourds, sels d'aluminium,…).

c) Structure des SH

Les résultats obtenus par RMN ^{13}C ont permis d'établir que les SH incluent dans leur structure des parties aliphatiques et aromatiques. Les sites aromatiques peuvent représenter jusqu'à 30% du carbone organique et sont reconnus comme étant la cause de la forte réactivité des SH (Norwood et Christman, 1987).

Les AH et les AF sont donc des macromolécules polymériques et hétérogènes dont le noyau complexe est constitué par des structures polyaromatiques portant des substituants oxygénés

(OH, C=O, COOH, O-CH$_3$,…). A la périphérie de ce noyau, on retrouve de nombreuses substances chimiques allant d'ions inorganiques à des pesticides, en passant par des acides aminés (Mac.Carthy et al., 1985; Thurman et Malcolm, 1989).

I.5.1.2. *Les acides aminés*

Ils représentent une part importante des composés organiques azotés solubles et biodégradables.

Les acides aminés constituent une source potentielle d'azote importante dans le processus du développement des phytoplanctons.

Assimilés ou relargués par certaines cellules vivantes et bactéries, les acides aminés sont susceptibles de subir des variations de leur teneur et de leur nature en fonction du milieu et des saisons. On peut cependant noter leur présence à des concentrations de 10 à 100 µg/l pour une vingtaine d'acides aminés (Malleviale et al., 1982; Le Cloirec et al., 1983).

La bibliographie souligne la prédominance dans les eaux de rivière de la glycine, de l'alanine et de l'acide aspartique (Thurman et Malcolm, 1989; Hureïki et al., 1996).

Pour les acides aminés totaux (libres et combinés aux SH ou aux protéines), leurs concentrations varient de 50 à 1000 µg/l de carbone, plus importantes durant les périodes d'hiver et de printemps dans les rivières et les lacs.

A Sainte Rose, au Quebec, les teneurs sont relativement stables (117 à 141 µgC/l) et sont caractéristiques d'eaux de rivières eutrophes (Hureïki et al., 1996).

Dans les eaux brutes de l'usine de Méry-sur-Oise, en France, les concentrations s'échelonnent entre 100 et 260 µgC/l (Dossier et al., 1996)

En Algérie, dans les eaux de l'Oued Mazafran, les acides aminés ont été identifiés à des teneurs de l'ordre de 100 µgC/l (Benoufella, 1989).

La méthode de mesure la plus courante est l'analyse en HPLC et la détection en fluorescence après dérivation à l'orthophtaldialdéhyde (Le Cloirec et al., 1983; Achour, 1983).

I.5.1.3. *Micropolluants organiques divers*

Nous considérons le cas des composés organiques introduits dans les eaux naturelles directement ou indirectement par l'activité humaine.

Ces composés appartiennent à des familles chimiques très variées et les premières substances recherchées et détectées ont été les pesticides (insecticides, herbicides, fongicides). Ce sont le plus souvent des dérivés chlorés, identifiés et mesurés à des teneurs de 1 à 20 µg/l dans les eaux de la Nouvelle Orléans (Brun et Mac.Donald, 1980) et de 10 à 20 µg/l dans les eaux de lacs et de rivières de l'Europe centrale et orientale (Kruithof et al., 1994).

Parmi les composés azotés, des urées substituées et des triazines ont été identifiées à des concentrations de 1 à 15 µg/l dans les eaux françaises (Malleviale et al., 1982; Grivault, 1996).

D'autres composés sont introduits dans l'environnement par les effluents industriels. C'est le cas des amines aromatiques (aniline et chloroanilines) (Wegman, 1981) et des dérivés phénolés présents de 10 à 100 ng/l dans les eaux françaises (Malleviale et al., 1982; Le Cloirec et al., 1983). La nuisance la plus marquée de ces phénols est le goût désagréable de chlorophénols en présence de chlore même pour des teneurs extrêmement faibles (Tardat-Henry, 1984).

Des phtalates et des PCB peuvent aussi se retrouver à des taux de 0,5 à 200 ng/l dans les cours d'eau (Malleviale et al., 1982; Kruithof et al., 1994).

L'identification de ces composés s'effectue généralement par chromatographie en phase gazeuse couplée à une spectrographie de masse (Coleman et al., 1980; Le Cloirec et al., 1983).

I.5.2. *Demandes en chlore de composés organiques*

Nous avons vu que, pour des pH voisins de la neutralité, le chlore était essentiellement sous forme d'acide hypochloreux en équilibre avec l'ion hypochlorite. Compte tenu du pouvoir oxydant et de la polarisation de la liaison HO-Cl, les principaux modes d'action de HClO sur les composés organiques seront des réactions d'oxydation, d'addition sur les doubles liaisons carbone-carbone, d'hydroxylation et de décarboxylation. Cependant, dans le domaine du traitement des eaux potables, l'action prépondérante sera une substitution électrophile sur les sites de plus forte densité électronique (Rook, 1980; De Laat et al., 1982; Merlet, 1986).

De ce fait, la réactivité du chlore sera limitée à un nombre restreint de molécules organiques et se traduira essentiellement par une modification de structure de ces composés (formation de composés plus oxygénés et/ou organochlorés).

Les consommations en chlore mesurées sur des solutions synthétiques de composés organiques simples à pH = 7, indiquent que la réactivité des composés aliphatiques, même avec des fonctions oxygénées (alcools, acides carboxyliques, cétones,…) reste limitée. Des consommations inférieures à 0,1 mole de chlore par mole de produit organique sont observées (Murphy et Zaloum, 1975; De Laat et al., 1982).

Cependant, certaines structures ayant des groupements fonctionnels azotés (amines, acides aminés) peuvent réagir rapidement avec le chlore en formant des chloramines organiques plus ou moins stables selon le composé et le pH du milieu (Martin, 1979; Alouini et seux, 1987).

Ainsi, les demandes en chlore indiquent des valeurs de 2 moles par fonction NH_2 présente dans la structure des acides aminés aliphatiques (alanine, aspargine) (Doré, 1989).

Les plus fortes demandes sont obtenues dans le cas de la tyrosine qui présente un cycle aromatique activé par un groupement donneur hydroxylé (De Laat et al., 1982; Achour, 1983). En effet, de nombreuses recherches effectuées ces dernières années confirment l'influence des substituants sur la réactivité des dérivés aromatiques (Murphy et Zaloum, 1975; Rook, 1980; De Laat et al., 1982). Les plus forts consommateurs de chlore sont ainsi des composés aromatiques possédant des groupements activants (OH, NH_2, NR_2,…) tels que le phénol, l'aniline et leurs dérivés (5 à 12 moles de Cl_2 par mole de composé organique) (De Laat et al., 1982, Achour, 1992).

Par ailleurs, d'autres travaux ont porté sur la réactivité de différentes classes de substances fortement réactives et extraites des eaux de surface. Les demandes en chlore sur 72 heures variaient alors de 2,5 à 16,5 $mgCl_2/mgC$ dans le cas d'acides aminés libres et de 2,5 à 4 $mgCl_2/mgC$ dans le cas d'acides aminés combinés. Ces acides aminés peuvent alors être à l'origine de 5 à 23% de la demande en chlore totale d'une eau (Dossier-Berne et al., 1996).

En ce qui concerne les substances humiques, leurs consommations en chlore peuvent être comprises entre 0,8 et 2 $mgCl_2/mgC$ et représentant 10 à 40% de la demande globale de l'eau (Rekhow, 1984; Legube et al., 1990; Achour, 1992).

Les demandes en chlore des SH extraites d'eaux de surface sont généralement du même ordre de grandeur quelle que soit leur origine. Toutefois, pour une eau donnée, l'acide humique présente toujours une consommation de chlore supérieure à celle de l'acide fulvique (Rekhow, 1984; Croué, 1987). Cette consommation s'effectue globalement en deux étapes: une étape de consommation rapide au cours des premières heures de réaction suivie d'une étape de consommation plus lente qui peut se prolonger jusqu'à plusieurs centaines d'heures (Rekhow, 1984; Doré, 1989).

La cinétique de consommation en chlore par une eau de surface riche en SH présente les mêmes étapes d'évolution (Jadas-Hecart et al., 1992).

En présence d'azote ammoniacal, les taux de chlore introduit dans ce type d'eau peuvent alors s'élever jusqu'à un rapport chlore/NH_3 de 12 à 15 (Martin, 1979).

I.5.3. *Sous-produits organiques de la chloration des eaux de surface*

Dans les conditions de chloration des eaux naturelles, les produits susceptibles de se former à partir des composants majoritaires des eaux à potabiliser, sont principalement organohalogénés (volatils et non volatils), bien que des dérivés non chlorés puissent être observés dans certains cas.

Le problème a d'abord été étudié sous l'angle de la formation des composés volatils et surtout les trihalométhanes (THM) dont le prototype est le chloroforme.

I.5.3.1. *Formation des THM*

Ce sont des dérivés halogénés du méthane volatils et comprenant le chloroforme ($CHCl_3$) majoritaire mais aussi des dérivés bromés ($CHBrCl_2$,

$CHBr_2Cl$, $CHBr_3$). Ces derniers résultent d'une réaction de bromation parallèle initiée par l'action du chlore sur les ions bromures dissous dans la plupart des eaux naturelles (Merlet et al., 1982).

Ces THM représentent 5 à 10% des matières organiques contenues dans les eaux de boisson et seulement 5 à 20% de l'ensemble des dérivés organohalogénés (TOX) formés lors de la chloration (Rekhow, 1984; Legube et al., 1990).

Ils représentent cependant la fraction d'organohalogénés la plus facilement dosable par les techniques analytiques courantes (CPG et détection à capture d'électrons) (Bellar et Lichtenberg, 1974; Merlet, 1986; Achour, 1992). Pour cette raison, les premières et nombreuses études ont été entreprises à travers le monde en s'orientant initialement sur l'aspect enquête du problème des THM (nature et teneurs des THM dans les eaux de boisson) (Tableau 3).

Tableau 3 : THM contenus dans diverses eaux à travers le monde, en µg/l

Eau de surface	$CHCl_3$	$CHCl_2Br$	$CHClBr_2$	$CHBr_3$	Référence
Méry-sur-Oise (France)	59,8-86,4	32,1-43,9	15,7-17,5	1,0-1,20	Jadas-Hecart et al., 1992
Emilia-Romagna (Italie)	14-31	5,9-11	1,4-4,4	0-0	Aggazotti et Predieri,1986
Rivière Ohio (USA)	37-94	9,1-20,8	1,3-2,0	0-0	Bellar et Lichtenberg, 1974
North marin (Californie)	38,4-129,9	12,4-30,7	2,7-8,3	< 0,1-4,7	Clark et al., 1994
Keddara (Algérie)	63,3-93	12,6-24,5	5,1-12,1	-	Achour et Moussaoui, 1993
Foum El Gerza(Algérie)	39	16	12	10	Achour et Guergazi, 2002

Ainsi, il a été établi que les THM qui apparaissent après la chloration sont formés au cours de réactions chimiques entre le chlore et certains composés organiques de l'eau considérés comme précurseurs.

Dès 1974, il a été mis en évidence que les principaux précurseurs de ces THM étaient les SH lorsque Rook a obtenu les quatre pics caractéristiques des THM par chloration directe d'une infusion de tourbe.

Ceci s'est trouvé ensuite confirmé par de nombreuses autres études qui ont montré la similitude entre les sous-produits de la chloration de solutions d'eaux de surface et ceux obtenus par chloration de solutions d'acides humiques et fulviques commerciaux ou extraits de lacs et de rivières (Rook, 1974; Meier et al., 1983, Kopfler et al., 1984; Coleman et al., 1984 ; Serodes et al, 2003).

Mais la structure du matériel humique étant encore mal connue, les recherches se sont penchées sur des molécules modèles dont les structures simples rappellent néanmoins celles complexes des SH.

Cependant, peu de mécanismes réactionnels ont à ce jour été proposés. Ainsi, bien que l'halogénation des méthylcétones représente la réaction haloforme standard (Bartlett, 1935), l'acétone ou d'autres méthylcétones réagissent trop lentement pour rendre compte de la formation de chloroforme dans les conditions de chloration des eaux de surface. Le rendement en chloroforme, exprimé en moles de $CHCl_3$ formées aux moles de composés organiques précurseurs, excède rarement 10% pour ces cétones (De Laat et al., 1982).

Il en est de même pour les composés aromatiques monosubstitués (phénol, aniline) ainsi que les acides aminés malgré leur réactivité importante vis-à-vis du chlore.

Bon nombre de composés ne présenteront également aucun risque de formation de THM en milieu neutre (acides aliphatiques, aldéhydes,...) avec des rendements inférieurs à 1% (Doré, 1989).

Toutefois, certains phénols substitués en position méta (résorcinol, phloroglucinol,...) peuvent conduire dans les mêmes conditions à des rendements importants (30 à 100%) obtenus dès les premières minutes de la réaction (De Laat et al., 1982; Merlet, 1986).

Rook (1980) fut le premier à proposer des hypothèses de formation de THM scientifiquement éprouvées à partir de la chloration du résorcinol. Selon ce mécanisme, il y aurait formation d'une forme pseudoquinonique qui subirait ensuite une chloration par substitution électrophile sur le carbone en position α des deux carbonyles. La rupture du cycle conduit alors au chloroforme.

Ce type de molécule métapolyhydroxybenzénique pourrait ainsi constituer les sites les plus précurseurs de THM des acides humiques et fulviques.

Toutefois, dans le cas des SH, l'existence de sites faiblement réactifs vis-à-vis du chlore (aromatiques à substituants désactivants ou aliphatiques) expliquerait l'évolution des cinétiques de formation des THM (Rekhow, 1984; Croué, 1987).

Ainsi, différentes études portant sur la chloration d'acides fulviques montrent que le chloroforme est formé très rapidement dans les premières heures de la réaction et continue à évoluer de façon plus lente durant 3 jours environ, de la même manière que la demande en chlore (Rekhow, 1984; Norwood et Christman, 1987).

Le rendement en chloroforme est aussi fonction du pH et augmente fortement entre pH = 4 et 10 (Coleman et al., 1984; Urano et Takemasa, 1986).

Par ailleurs, en présence d'ammoniaque, les SH tout comme les composés simples précurseurs (résorcinol, phloroglucinol,...) pourront conduire à des quantités non négligeables de chloroforme avant le break-point (Merlet, 1986).

Cette formation de THM en parallèle aux chloramines est également observée lors de la chloration de différentes eaux de surface et met en évidence des réactions compétitives chlore/ammoniaque et chlore/matière organique (Rekhow, 1984; Doré, 1989; Achour, 1992).

Cependant, seul un faible pourcentage du chlore consommé se retrouve dans le chloroforme (Tableau 4). Ce qui signifie que les THM ne représentent en fait que l'étape ultime d'un processus réactionnel sur un certain nombre de structures chimiques et que de nombreuses réactions d'oxydation et de substitution ont lieu pour donner naissance à de nombreux autres composés organohalogénés ou non.

Tableau 4: Pourcentage de chlore consommé et de TOX dans le chloroforme

	Acide humique	Rivière Le Clain	Eau filtrée Méry/Oise
pH	7,0	7,55	7,5
COT (mgC/l)	5,0	5,5	3,2
Cl_2 consommé (mgCl$_2$/l)	5,5	3,2	4,7
CHCl$_3$ (µg/l)	135	63,3	86,4
CHCl$_3$/Cl$_2$ (%)	4,4	3,9	2,4
CHCl$_3$/TOX (%)	15,8	-	17,3
Référence	(Rekhow,1984)	(Merlet, 1986)	(Agbekodo et al., 1996)

I.5.3.2. *Composés autres que les THM*

Avec le développement des méthodes d'extraction notamment pour les composés les plus polaires, de nombreux chercheurs ont orienté leurs travaux vers l'identification des sous-produits de la chloration des eaux, autres que les THM (Coleman et al., 1984; Le Cloirec et al., 1990).

Parmi les organohalogénés les plus volatils, les acides dichloro et trichloroacétiques sont les plus souvent identifiés. Avec les THM, ils représentent près de 50% du TOX (Rekhow, 1984; Croué, 1987).

D'autres haloacides ont pu être détectés, de même que différents haloacétonitriles, halocétones, des chlorophénols et le MX dont la mutagénicité pourrait représenter plus de 50% de l'activité mutagène totale quantifiée sur des eaux chlorées (Meier et al., 1987).

En fait, dès 1976, Keith, lors d'une étude relative à une eau chlorée (Mississipi) rapporte déjà l'identification de plus de 50 composés organochlorés non volatils. Les composés détectés étaient principalement des purines et pyrimidines chlorées (chlorocaféines, chlorouraciles,…) pouvant résulter de la chloration des bases des acides nucléiques des bactéries. Des concentrations assez importantes ont été également relevées pour des acides aromatiques, des chlorophénols et des chlororésorcinols liés à la chloration des substances humiques présentes dans ces eaux.

Plus tard, des études sur les eaux de boisson de la ville de Cincinnati (USA) ont permis d'identifier plus de 400 composés parmi lesquels les composés chlorés étaient surtout des dérivés benzéniques, des cétones, des alcools et des nitriles (Coleman, 1980; 1984).

La présence de dihaloacétonitriles est aussi rapportée dans une eau canadienne et leur formation est alors attribuée à la chloration d'acides fulviques et d'algues aquatiques (Oliver, 1983). Trehy et Bieber (1981) montrent, quant à eux, que ces mêmes dihaloacétonitriles peuvent apparaître par réaction du chlore avec plusieurs aminoacides des eaux en Floride.

La présence d'aldéhydes et de nitriles non halogénées dans les eaux de boisson est par ailleurs expliquée par des réactions complexes de décarboxylation d'acides aminés aliphatiques (glycine, valine) (Kantouch et Abdel-Fattah, 1971; Alouini et Seux, 1987).

I.6. Toxicité des sous-produits de la chloration

Les risques de toxicité de tous les composés précédemment cités demeurent encore largement inconnus mais différentes études indiquent déjà que les sous-produits de la chloration et surtout les composés halogénés sont susceptibles de présenter une activité mutagène et/ou cancérigène dans les extraits d'eau potable (Kopfler et al., 1984; Coleman et al., 1984; Meier, 1988).

Pour évaluer cette génotoxicité, les tests employés varient des essais de mutagenèse in vitro (Ames-fluctuation, SOS Chromotest) ou in vivo (micronoyaux-triton) aux études chroniques sur mammifères. Le test d'Ames-fluctuation, mis au point en 1975, semble à l'heure actuelle le plus utilisé et le plus à même de contrôler l'activité génotoxique des échantillons de SH ou d'eaux chlorées (Ames et al., 1975; Meier, 1988; Le Curieux et al., 1996). Les essais sur bactéries présentent en effet l'intérêt d'une détection rapide de l'activité lorsque les produits mutagènes sont à action directe.

Toutefois, les différents tests présentent une certaine complémentarité et s'avèrent intéressants pour l'étude de l'activité génotoxique de composés organohalogénés modèles (THM, haloacétonitriles, haloacétones,...) (Le Curieux et al., 1996). En particulier, ils permettent la mise en évidence de relations structure-activité observables au niveau de la nature du substituant halogéné (brome ou chlore) et au niveau de la position des atomes de chlore. Ainsi, seuls les trihalométhanes bromés et les haloacétonitriles se sont révélés positifs dans les différents tests (Pereira, 1981; Meier, 1988; Le Curieux et al., 1996). Ce qui semble indiquer que l'atome de brome confère une activité génotoxique plus forte que l'atome de chlore.

Par ailleurs, la position des atomes de chlore influence notablement la génotoxicitéde propanones ou propénals chlorés (Coleman et al., 1984; Le Curieux et al., 1996).

Mais d'une façon générale, les composés mutagènes produits par chloration des SH sont en majorité non volatils, thermolabiles et se dégradent rapidement pour des pH basiques. La majorité de l'activité mutagène (environ 70%) serait par ailleurs associée aux composés polaires très acides et oxygénés (Kopfler et al., 1984; Meier, 1988).

Quant à la cancérogénicité des produits de chloration et notamment celle du chloroforme, elle a été mise en évidence à plusieurs reprises sur des animaux (Pereira, 1981; Bull et al., 1982) mais elle est seulement suspectée chez l'homme (Morris et al., 1992).

Les résultats de diverses études épidémiologiques ont toutefois conduit un certain nombre de pays à adopter des mesures réglementaires pour la limitation des teneurs en THM.

Les directives de l'EPA aux USA proposent une teneur limite de 100 µg/l en THM au robinet du consommateur (Ellis, 1991). En France, on préconise conformément aux recommandations de l'OMS une concentration limite de 30 µg/l en chloroforme dans les eaux de boisson (Doré, 1989).

I.7. Principales règles à respecter pour limiter les teneurs en sous-produits dans l'eau

La position internationale sur les THM consiste à diminuer le plus possible l'exposition des consommateurs aux THM sans affecter toutefois l'efficacité de la désinfection. La norme américaine est depuis novembre 1998 de 80 µg/l (USEPA, 2005). Les valeurs guides recommandées par l'OMS (1998) sont de 200 µg/l pour le chloroforme, 60 µg/l et 100 µg/l pour les dérivés bromés. Pour arriver à ce résultat (réduction du THM), (Laferrière et al, 1999) ont clairement démontré les avantages de reporter les points de chloration en aval de la chaîne de traitement et de profiter ainsi de l'enlèvement des précurseurs par floculation et la décantation. De même, White en (1999) suggère que les objectifs du prétraitement comportent :

- Un enlèvement maximal des précurseurs des trihalométhanes.
- Une réduction de la concentration d'azote ammoniacal à 0,10 mg/l.
- Une baisse de la concentration d'azote organique à 0,05 mg/l.
- Une limitation de la demande en chlore (15 minutes) à 0,50 mg/l.

En se fiant à ces guides, on devrait pouvoir améliorer suffisamment la qualité de l'eau brute pour que le chlore résiduel libre soit dans les limites qui sont fixées par l'USEPA (2005).

De même, quelques principales règles à respecter pour limiter les teneurs en sous-produits dans l'eau (Montiel et al, 1996):

- Commencer par l'utilisation des produits désinfectants contenant un minimum d'impuretés. Cela concerne le chlore, les hypochlorites et le bioxyde de chlore
- Rechercher le meilleur compromis efficacité / risque à chaque point d'utilisation d'oxydant désinfectant sur la filière de traitement.
- Ainsi, en pré oxydation, on évite les doses d'oxydant en excès.
- Dans la mesure du possible, on cherchera à éliminer les précurseurs de sous produits avant l'introduction du produit oxydant.
- Contrôler et maintenir la turbidité et la matière organique à leurs niveaux les plus faibles possible.
- Injecter l'oxydant le plus tard possible dans la filière.

I.8. Conclusion

Au cours de ce chapitre, nous avons pu observer que la désinfection constituait une étape universelle des chaînes de traitement d'eau potable et que la chloration représentait le procédé le plus utilisé.

Le chlore étant un oxydant appréciable, sa mise en œuvre peut être conditionnée par la nature des problèmes à résoudre (oxydation de l'ammoniaque ou du fer, élimination de goûts et odeurs,…)

La forme du chlore libre présente dans l'eau est fonction du pH et dans la plupart des cas (pH voisin de la neutralité), il y a équilibre entre l'acide hypochloreux et l'ion hypochlorite. L'acide hypochloreux a toutefois un pouvoir biocide plus fort que celui de ClO⁻ et des chloramines générées par l'action du chlore sur l'ammoniaque. Ce qui implique la nécessité de l'application de taux de chloration supérieurs au "break-point".

D'autres facteurs physico-chimiques tels que la température ou la turbidité de l'eau à traiter jouent un rôle important dans l'efficacité de la désinfection.

En fait, la concentration en désinfectant à prendre en considération est la concentration résiduelle après la demande en chlore de cette eau. Cette demande, d'origine chimique, s'exerce très rapidement et se rapporte aux réactions d'oxydation des différentes entités minérales et organiques de l'eau par le chlore. En particulier, la présence de bromures dans l'eau pourra conduire à de nouvelles entités oxydantes et notamment l'acide hypobromeux et des bromamines.

De même, le chlore s'avère très réactif avec certaines classes de composés organiques par des réactions de substitution, d'oxydation ou de décarboxylation.

Les composés présentant les consommations en chlore les plus importantes sont les structures aromatiques porteuses de groupements activants (OH, NH_2,...) ou certaines fonctions spécifiques telles les amines et les acides aminés.

La combinaison des différentes réactions conduit à des systèmes très complexes aboutissant souvent à la formation de composés organohalogénés dont les principaux précurseurs sont certains composés métapolyhydroxybenzéniques et surtout les substances humiques majoritaires dans la charge organique des eaux de surface.

Parmi les organohalogénés formés, les plus volatils sont les THM et les acides haloacétiques et représentent près de 50% des organohalogénés totaux (TOX).

La présence de tous ces composés (organohalogénés ou non) aura deux principales conséquences : la dégradation des caractères organoleptiques de l'eau mais surtout l'apparition d'une activité génotoxique potentielle qui pourra éventuellement aboutir à des effets cancérigènes.

Au vu des propriétés oxydantes du chlore, la suite de notre étude a pour but d'apporter une contribution à la connaissance de la réactivité du chlore vis-à-vis de quelques classes de composés organiques ainsi que l'incidence de la présence de la composante minérale sur la chloration de la matière organique.

L'étude sera entreprise aussi bien en eau distillée qu'en eaux minéralisées synthétiques pour que différents paramètres réactionnels puissent être contrôlés. Une application à des eaux de surface sera également présentée.

CHAPITRE II : Action du chlore sur des composés organiques en solutions synthétiques d'eau distillée

II.1. Introduction

Au cours de ce chapitre, nous présenterons une mise au point de nos résultats expérimentaux concernant la chloration de composés organiques modèles en solutions diluées d'eau distillée. Compte tenu de l'étude bibliographique précédente, les composés organiques ont été choisis parmi les plus réactifs vis-à-vis du chlore (substances humiques, benzènes ou phénols substitués, substances azotées aliphatiques ou aromatiques).

L'étude décrite n'a pas l'intention de présenter une recherche à caractère fondamental ou des développements mécanistiques. Elle se veut avant tout synthétique par rapport aux résultats d'essais expérimentaux que nous avons pris soin de réaliser dans des conditions opératoires très proches, pour tous les essais. Ceci permettra également de considérer tous les résultats obtenus en solutions d'eau distillée comme référence pour la suite de notre travail en milieu plus complexe. De même, cette étude aura permis de vérifier la validité de nos méthodes analytiques en comparant certains de nos résultats expérimentaux aux données de la littérature.

Dans un premier temps, nous présenterons les résultats des potentiels de réactivité de différents composés organiques (consommations en chlore et formation de sous-produits organiques) pour des conditions opératoires données.

Dans un second temps, nous examinerons l'impact de paramètres réactionnels (taux de chlore et temps de contact, pH) sur la réactivité de quelques uns des composés organiques testés.

II.2. Matériel et méthodes

II.2.1. *Préparation des solutions*

L'eau distillée utilisée tout au long de cette étude a une conductivité de 0,1 à 0,3 µS/cm et un pH compris entre 6,3 et 6,8.

Toute la verrerie est soigneusement lavée au mélange sulfochromique, rincée à l'eau distillée puis séchée à l'étuve à 110 °C.

II.2.1.1. *Solutions de réactifs organiques modèles*

• Les solutions synthétiques des composés simples sont préparées à des concentrations (C_o) de l'ordre de 10^{-5} à 10^{-4} mole/l en milieu tamponné.

Des tampons phosphates sont utilisés pour pH = 4 à 5 et pH = 7 à 7,5 et un tampon borate pour un pH voisin de 9.

Les principales caractéristiques de ces composés organiques sont présentées dans le tableau 5.

Tableau 5: Caractéristiques des composés organiques simples testés

Composé	Masse molaire	Conc.10^{-5} mole/l
Phénol	94	1,06 ; 14,6
Résorcinol	110	0,906 ; 16,1
Pholoroglucinol	126,14	1,58
Aniline	93,13	1,07 et 10,7
Acétophénone	120,15	0,907
Alanine	89	1,12 ; 4,49 ; 25
Phénylalanine	165	1,21 ; 3,03
Tyrosine	181	1,10 ; 3 ; 31
Uracile	112	0,90 ;5,0

• Les substances humiques utilisées ont des origines et des structures différentes.

L'acide humique "Fluka" et l'humate de sodium "Jansen Chimica" sont des produits commercialisés à l'état de grains bruns foncés.

L'acide fulvique, à l'état lyophilisé, provient de l'extraction à partir d'une eau de retenue située en amont d'une station de production d'eau potable (Gatineau, France). Cette extraction a été réalisée par l'équipe de chercheurs du laboratoire de Chimie de l'Eau et des Nuisances à Poitiers et en utilisant des résines XAD 8 selon le protocole analytique de Thurman et Malcolm (1981).

Le tableau 6 récapitule les caractéristiques des différentes substances humiques (analyse élémentaire, fonctions carboxyles et hydroxyles, absorption en UV, concentrations initiales des substances humiques).

Tableau 6: Caractéristiques des substances humiques testées

	Acide humique	Humate de sodium	Acide fulvique
Origine →	Commercial (Fluka)	Commercial (JansenChimica)	Aquatique (Gatineau,France)
Analyse élémentaire (%)	C:51,5;O:29,3 H: 4,6 ; N: 0,7	C: 51,0 ; O: 35,3 ; H: 6,5 ; N: 1,1	C: 49,0 ; O: 37,8 ; H: 4,9 ; N: 1,9
Fonctions carboxyles (meq/mgSH)	3,4	5,2	6,5
Fonctions hydroxyles (meq/mgSH)	0,8	1,8	1,9
Aromaticité Unité DO/mgSH $\lambda = 254$ nm	0,015	0,026	0,022
Concentration initiale (mgSH/l)	10,0	10,0	6,3

II.2.1.2. *Solutions en chlore actif*

Les solutions de chlore utilisées sont des solutions diluées d'hypochlorite de sodium (eau de Javel) dont nous dosons la teneur en chlore actif avant chaque série d'essais.

Ce dosage est effectué à l'aide d'une solution de thiosulfate de sodium

(Na$_2$S$_2$O$_3$, 5H$_2$O)N/10 pour les solutions concentrées en chlore et N/100 pour les faibles concentrations en chlore.

II.2.1.3. *Solutions de trihalométhanes* (THM)

Pour l'établissement des courbes d'étalonnage servant à la quantification des THM, une solution mère des produits étalons de chaque THM (produit MERCK) est préparée dans du méthanol puis diluée à 1/100 dans de l'eau distillée. Les dilutions de cette solution mère, toujours dans l'eau distillée, doivent être effectuées avant chaque série de mesures (AFNOR, 1987).

II.2.2. *Mise en œuvre de la chloration*

La chloration des composés organiques est réalisée à une température ambiante (14 à 22 °C) par ajout de microvolumes de chlore à 100 ml d'échantillon. Après agitation, les fioles contenant les solutions chlorées sont maintenues à l'obscurité pour un temps déterminé, pouvant aller jusqu'à 72 heures.

Le dosage du chlore résiduel est réalisé sur l'échantillon et permet d'évaluer la consommation en chlore par le composé: Chlore consommé = chlore introduit – chlore résiduel.

La dose du chlore introduit est exprimée par :

- Le rapport molaire $r = \dfrac{moles\ de\ chlore\ introduit}{moles\ de\ composé\ organique}$ dans le cas de composés

à structure simple, de formule moléculaire connue.

- Le rapport massique $m = \dfrac{masse\ de\ chlore\ introduit}{masse\ de\ SH}$ dans le cas des

différentes substances humiques considérées.

Pour le dosage des sous-produits organiques de la chloration, la réaction est arrêtée par l'addition de thiosulfate de sodium (2 moles de Na$_2$S$_2$O$_3$ pour une mole de chlore introduit).

Les conditions expérimentales pour la détermination des consommations en chlore et la formation des sous-produits de la chloration sont résumées dans les tableaux 7 et 8.

Tableau 7: Conditions expérimentales pour la chloration des composés organiques simples

Composé	r (molesCl$_2$/moles composé)	Temps (heures)	pH
Phénol	1,0 à 20	0 à 24	4,0; 7,0; 9,0; 12
Résorcinol	0,3 à 20	0 à 24	4,0; 7,5; 9,2
Phloroglucinol	20	24	7,5
Aniline	1,0 à 20	0 à 24	4,0; 7,1; 9,0
Acétophénone	20	24	7,1
Alanine	0,25 à 20	0 à 24	5,0; 7,0; 9,0
Phénylalanine	0,5 à 20	0 à 24	5,0; 7,0; 9,0
Tyrosine	0,25 à 20	24	7,0
Uracile	2,0 à 20	0 à 24	7,5; 9,4

Tableau 8: Conditions expérimentales pour la chloration des substances humiques

Substances humiques	m (mg/Cl$_2$/mgSH)	Temps (heures)	pH
AH Fluka	2,0	72	7,5
Humate de sodium	0,5 à 10	0 à 72	4,0 ; 7,0 ;9,0
AF Gatineau	0,5 à 10	0 à 72	2,0 ;4,0 ;7,5 ;9,0 ;11,0

II.2.3. *Méthodes de dosage*

II.2.3.1. *Dosage du chlore résiduel*

a) Méthode iodométrique

Elle permet la mesure du chlore résiduel total sous forme de chlore moléculaire

Cl$_2$ obtenu par l'ajout d'acide acétique glacial et donc un pH acide (Rodier, 1984).

Les résultats correspondent donc à des équivalents oxydants (HClO, ClO$^-$) que l'on exprime en mgCl$_2$/l.

b) Méthode titrimétrique FAS/DPD (APHA, 1989)

Cette technique est intéressante lorsqu'on veut différencier entre le chlore libre et les différentes chloramines. Nous l'avons appliqué en particulier lors de la chloration des composés azotés (acides aminés et uracile).

En présence de chlore, le DPD (diethyl-p-phénylène-diamine) donne une coloration rouge susceptible d'un titrage volumétrique à l'aide d'une solution de sulfate ferreux ammoniacal (FAS).

II.2.3.2. *Dosage des THM*

Pour les composés simples, seul le chloroforme parmi les THM est susceptible de se former. Cependant, tous les trihalométhanes peuvent être analysés par le même procédé.

L'analyse des THM a été effectuée par la méthode du "Head-Space" ou espace de tête statique, constitué par un espace vide dans la partie supérieure du flacon contenant l'échantillon (Appareil "Head-Space" STANGDANI 395).

Les échantillons sont incubés à température constante pour une durée déterminée de façon que les concentrations des composés en phase gazeuse et en phase aqueuse soient en équilibre.

L'analyse se fait en chromatographie en phase gazeuse (PACKARD 438 S) équipée d'un injecteur automatique et d'un détecteur à capture d'électrons (Source ^{63}Ni).

Les conditions opératoires sont les suivantes:

- Températures :
    - Four 50 °C
    - Détecteur 300 °C
    - Injecteur 250 °C
- Gaz vecteur : Azote R, débit 25 ml/min.

La quantification a été faite après étalonnage préalable par des solutions étalons de THM préparées et analysées dans les mêmes conditions que les échantillons. Cet étalonnage doit être renouvelé avant chaque série d'analyses.

La figure 2 présente des droites d'étalonnage issues d'un ajustement linéaire, basé sur la méthode des moindres carrés, des différents points obtenus pour la mesure de 3 THM (CHCl$_3$, CHCl$_2$Br, CHClBr$_2$). La précision de la mesure est de l'ordre de 4% (Achour, 1992).

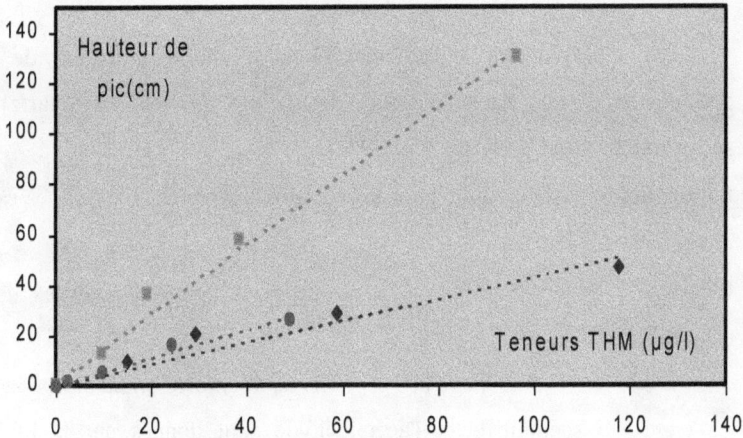

Figure 2: Etalonnage pour la mesure des THM.
($\blacklozenge$) CHCl$_3$: H = 0,450.C, R^2 = 0,990.
($\blacksquare$) CHCl$_2$Br : H = 1,386.C, R^2 = 0,989.
($\bullet$) CHClBr$_2$: H = 0,558.C, R^2 = 0,983.

II.2.3.3. *Dosage des TOX*

Les organohalogénés totaux ou TOX sont analysés à l'aide d'un appareil DOHRMANN-XERIEX DX20 dont le principe peut être résumé ainsi (Achour, 1992):

• Concentration des TOX, par adsorption sur deux colonnes en série de charbon actif, par percolation de 50 ml de chaque échantillon préalablement acidifié par ajout de 1 µl de HNO_3 concentré.

• Rinçage des colonnes par du nitrate de potassium pour éliminer les halogénures inorganiques.

• Dosage des halogénures d'hydrogène formés par microcoulométrie.

Les concentrations en TOX d'un échantillon est donc donnée en masse équivalente de chlorures. La précision de la mesure est de 2% (Morlay et al., 1992).

II.2.3.4. *Mesure de l'aromaticité*

L'évolution de l'aromaticité est suivie par la mesure de la densité optique avec un trajet optique de 1 cm (cuves en quartz) sur un spectrophotomètre VARIAN DMS90.

La longueur d'onde adoptée pour les composés simples aromatiques est $\lambda = 270$ nm et celle adoptée pour les SH est $\lambda = 254$ nm.

L'intervalle de confiance à 95% est de 5.10^{-3} pour 5 analyses d'un même échantillon.

II.2.3.5. *Dosage des produits de la chloration de l'alanine*

L'acétonitrile et l'acétaldéhyde sont donnés par la bibliographie (Dakin, 1916; Kantouch et Abdel-Fattah, 1971) comme étant des produits possibles de la chloration de l'alanine.

Ils ont pu être dosés en CPG sur une colonne PORAPAK Q, avec détection à ionisation de flamme :

• Gaz vecteur : Azote

• Température :

- Four 145 °C
- Détecteur 200 °C
- Injecteur 200 °C.

• Echantillon :

- 0,5 ml d'éthanol à 1 g/l (étalon interne)

- 9,5 ml de solution d'alanine chlorée.

II.3. Potentiels de réactivité des composés organiques vis-à-vis du chlore

Il s'agit d'évaluer et de comparer les potentiels de consommation en chlore et les potentiels de formation d'organohalogénés relatifs aux différentes structures organiques considérées.

Ces potentiels correspondraient ainsi aux capacités maximales de réactivité de ces composés pour des conditions expérimentales données et souvent extrêmes (temps et taux de chloration élevés).

Pour les composés simples, la demande en chlore sera exprimée par le paramètre D :

$$D = \frac{nombre\ de\ moles\ de\ chlore\ consommé}{nombre\ de\ moles\ du\ composé\ organique}$$

Conformément à la bibliographie, le rendement de formation de chloroforme sera défini par :

$$R(\%) = 100.\frac{nombre\ de\ moles\ de\ chloroforme\ formé}{nombre\ de\ moles\ du\ composé\ organique}$$

Dans le cas des SH, la demande en chlore sera notée $PCCl_2$ et s'exprimera en mg de chlore consommé par mg de SH ou par mg de carbone. Ce dernier calcul sera aisé puisque nous connaissons pour chaque substance humique sa teneur en carbone (Cf. tableau 6).

Les potentiels de formation des principaux THM ($CHCl_3$, $CHCl_2Br$, $CHClBr_2$) s'exprimeront en µgTHM/mgSH tandis que la notation PFTOX se rapportera à la formation des organohalogénés totaux, en µgCl⁻ par mgSH.

Le tableau 9 résume les résultats obtenus pour la détermination des demandes en chlore (D) et les rendements en $CHCl_3$ (R%) pour les différents composés organiques simples testés.

Tableau 9: Potentiels de réactivité des composés organiques simples vis-à-vis du chlore ;r = 20 ; t = 24 heures ; pH = 7,0 à 7,5 (tampon phosphate).

Composé (P)	Cl_2 résiduel (mg/l)	D (mole Cl_2/moleP)	$CHCl_3$ (μg/l)	R (%)	X(%) = 3R/D
Phénol	7,83	9,59	25,08	1,98	0,62
Résorcinol	8,13	7,41	968,90	89,20	36,11
Phloroglucinol	12,18	9,21	1723,80	91,30	29,74
Aniline	8,41	8,38	124,33	10,20	3,65
Acétophénone	12,43	0,70	130,06	12,00	-
Alanine	14,20	2,21	< 1	< 0,1	-
Phénylalanine	15,15	2,40	< 1	< 0,1	-
Tyrosine	6,71	11,41	15,12	1,15	0,30
Uracile	11,51	1,83	10,80	1,21	1,98

Les résultats relatifs aux substances humiques sont présentés dans le tableau 10.

Conformément aux données bibliographiques (De Laat, 1982; Doré, 1989), nos résultats témoignent d'une réactivité relativement importante de la plupart des composés vis-à-vis du chlore et s'accompagnant de rendements variables en organohalogénés.

Tableau 10: Potentiels de réactivité des substances humiques vis-à-vis du chlore m =2; t = 72 heures ; pH = 7 à 7,5.

	AH (Fluka)	Humate de sodium	AF Gatineau
PCCl₂			
mgCl₂/l	6,25	7,22	5,05
mgCl₂/mgSH	0,625	0,722	0,802
mgCl₂/mgC	1,213	1,416	1,637
PFTHM (µg/mgSH)			
CHCl₃	13,8	19,3	25,2
CHCl₂Br	-	0,87	1,92
CHClBr₂	-	0,12	0,30
PFTOX(µgCl⁻/mgSH)	68,3	75,4	78,8
X%	4,0	4,8	5,6
Y%	18,0	22,8	28,5

II.3.1. *Composés organiques simples*

Les plus fortes demandes en chlore sont observées pour les composés aromatiques substitués par un ou plusieurs groupements activants OH, NH₂ et à un moindre degré pour les acides aminés aliphatiques et l'uracile.

Il en ressort, qu'en milieu neutre, tous ces composés pourront consommer une part conséquente du chlore introduit dans une eau naturelle.

La théorie avancée par divers auteurs (Rook, 1980; De Laat, 1982) dont les conditions d'expérience s'avèrent très proches des nôtres (pH voisin de 7, temps de contact de 15 à 24 heures, concentrations molaires des composés organiques de 10^{-3} à 10^{-5} mole/l) permettrait d'expliquer les résultats concernant les aromatiques substitués. Ainsi, celle-ci suggère que la présence de substituants activants sur le cycle aromatique favorise la délocalisation des électrons de substitution en créant des sites nucléophiles qui pourront être très réactifs vis-à-vis de l'entité électrophile $Cl^{\delta+}$.

Cette entité serait libérée par une rupture hétérolytique du fait de la polarisation de la molécule de chlore HO-Cl (Merlet, 1986; Doré, 1989).

La plus faible consommation en chlore de l'acétophénone s'expliquerait par ailleurs par la présence du groupement O-CH$_3$ moins activant et qui ne favorise l'attaque électrophile sur la forme intermédiaire énolique qu'à des pH basiques (Bartlett, 1935; Merlet, 1986).

Quant aux composés azotés, la consommation en chlore correspondrait essentiellement à l'oxydation de leurs groupements fonctionnels.

Parmi ces composés, nous avons considéré deux types de molécules fréquemment rencontrées dans les eaux naturelles puisqu'elles représentent des constituants des cellules vivantes. Ce sont d'une part des acides aminés (l'alanine et ses structures dérivées la phénylalanine et la tyrosine) et d'autre part l'uracile qui est une base pyrimidique impliquée dans la structure de l'ARN (acide Ribonucléique).

L'étude de leur réactivité au chlore peut donc contribuer à mieux comprendre l'action du chlore sur les microorganismes (bactéries, virus,...) lors de la désinfection.

Il faut également souligner que, depuis ces dernières années, la mesure des acides aminés dans les filières de traitement d'eau potable revêt un nouvel intérêt (Le Cloirec et al., 1983; Dossier-Berne et al., 1996; Hureïki et al., 1996).

En effet, leur présence à la sortie des stations de traitement peut constituer un potentiel élevé en reviviscence bactérienne du fait de leur aptitude à la biodégradation, de même qu'ils peuvent représenter une source de production de sous-produits organiques mutagènes par réaction avec le chlore.

Dans le cas de l'uracile, la réactivité de cet hétérocycle azoté est assez faible et peut être comparée à celle d'un cycle aromatique désactivé. Toutefois, des réactions de substitution ont été évoquées par Watts et al. (1982) et Gould et Hay (1982) par l'identification de la chloro-5-uracile pour des taux de chloration assez faibles (Cl_2/uracile de l'ordre de 1). Cependant, ce produit de substitution ne serait pas le produit ultime de la réaction.

L'état des recherches sur la chloration des bases pyrimidiques ne permet pas de proposer un mécanisme de réaction. Cependant, le faible rendement en chloroforme observé au cours de nos essais confirme les conclusions de Watts et al. (1982) qui indiquent que la réaction de chloration de l'uracile n'aboutit qu'à des teneurs négligeables en chloroforme. Les produits finaux seraient toutefois assez volatils et aliphatiques puisque n'absorbant pas dans l'ultraviolet entre 254 et 280 nm.

En fait, parmi les composés simples que nous avons testés, seules les structures métapolyhydroxybenzéniques (résorcinol, phloroglucinol) ont donné de bons rendements en chloroforme. Tous les autres composés sont très peu réactifs vis-à-vis de la réaction haloforme lors de leur chloration à pH voisin de 7.

Par ailleurs, même avec des composés comme le résorcinol et le phloroglucinol, le pourcentage du chlore consommé dans le chloroforme ($X = 3R/D$) reste inférieur à 40%. Ceci pourrait indiquer que la chloration des composés organiques étudiés aboutit essentiellement à la formation de dérivés chlorés ou non, souvent non volatils et qui pourront être majoritaires dans le cas de composés tels le phénol, l'aniline ou la tyrosine.

II.3.2. *Substances humiques*

Les résultats obtenus à partir de molécules simples en solutions aqueuses peuvent permettre de mieux comprendre ceux obtenus à partir de structures beaucoup plus complexes, à savoir les SH.

La forte demande en chlore peut ainsi être expliquée par la présence de nombreux noyaux phénoliques dans la structure même de ces SH. En effet, les potentiels de réactivité du tableau 10 semblent augmenter dans le même sens que les teneurs en fonctions OH⁻ phénoliques.

La corrélation paraît un peu moins évidente avec l'aromaticité évaluée par l'absorbance en UV (Cf. tableau 6).

Il est aussi intéressant de noter que l'acide fulvique aquatique Gatineau est plus réactif que les substances humiques commerciales.

Nos résultats s'expliqueraient par le fait que l'acide humique "Fluka" étudié n'est constitué que de la fraction moléculaire entre 600 et 1000 Daltons et qui serait, d'après la bibliographie (Thurman et al., 1982; Croué, 1987), une fraction absorbant très peu en UV car comportant peu de sites aromatiques. Oliver et Visser (1980) indiquent également que la fraction inférieure à 1000 Daltons est celle qui donne le plus faible rendement en chloroforme.

Il est donc possible de conclure que l'acide humique "Fluka" sera peu approprié pour prévoir la réactivité des acides humiques aquatiques dont les propriétés, décrites par la bibliographie (Thurman, 1985; Coleman et al., 1984; Rekhow, 1984) semblent différentes par rapport à l'importance des messes moléculaires et des teneurs en fonctions OH et COOH.

Par contre, l'humate de sodium présente des caractéristiques très proches des SH aquatiques et notamment des acides fulviques.

Il pourra donc éventuellement être utilisé comme substance modèle en solutions synthétiques pour simuler des phénomènes de chloration de SH aquatiques.

Il faut par ailleurs remarquer que la structure non résolue des SH ne permet pas d'élucider complètement le mécanisme de réaction de ces composés avec le chlore. Mais, en règle générale, les résultats que nous avons obtenus présentent une certaine analogie avec ceux relatifs à d'autres SH d'origines différentes.

Les données bibliographiques signalent des potentiels de consommation en chlore de 0,55 à 0,8 mg de chlore/mg de SH, des PFTHM de 15 à 25 μg/mgSH, des PFTOX de 70 à 120 μgCl⁻/mgSH pour des SH extraites d'eaux de surface des USA (Norwood et al., 1985; Rekhow, 1984) et 0,48 à 0,925 mgCl$_2$, 14,9 à 35,8 μgCHCl$_3$, 54 à 106 μgCl⁻ par mg d'acide fulvique pour des eaux françaises (Legube et al., 1990) chlorées dans des conditions très voisines de celles utilisées dans notre étude.

A partir de nos résultats, nous pouvons également noter que, parmi les THM, le chloroforme est majoritaire mais qu'il n'est qu'un produit de chloration possible aussi bien pour l'acide fulvique naturel que pour les SH commerciales. Ceci est mis en évidence par le calcul du paramètre $X\% = 100.\dfrac{3.[CHCl_3]}{[Cl_2.cons]}$ qui montre que seuls 4 à 5% du chlore consommé se retrouvent dans le chloroforme. Le calcul de la grandeur $Y\% = 100.\dfrac{3.[CHCl_3]}{[TOX/35,5]}$ représentant le chlore organiquement lié dans le chloroforme permet de déduire que le chloroforme atteint au maximum 28,5% des TOX. La chloration des SH aboutit donc à une forte proportion de dérivés chlorés autres que le chloroforme. Ce dernier ne serait alors que l'aboutissement d'un processus réactionnel complexe basé sur de nombreuses réactions d'oxydation et de substitution et au cours duquel il y aurait formation de nombreux composés organohalogénés dans le milieu.

II.4. Influence des paramètres réactionnels sur la réactivité des composés organiques

Il s'agit d'observer l'évolution de la réactivité de composés organiques simples et de substances humiques en eau distillée en tenant compte de la variation des principaux paramètres expérimentaux (taux de chloration, temps de contact et pH). Les composés-tests considérés seront:

- benzènes substitués : aniline, phénol, résorcinol

- acides aminés : alanine, phénylalanine, tyrosine

- uracile

- substances humiques : acide fulvique Gatineau, humate de sodium.

II.4.1. *Influence du taux de chloration*

Les conditions expérimentales pour le suivi de la consommation en chlore ou des sous-produits de la chloration correspondent à des temps variant de 2 à 24 heures, suffisamment longs pour que la réaction soit considérée comme achevée. Le milieu est tamponné à un pH de 7 à 7,5 (tampon phosphate).

a) Composés aromatiques substitués

Les résultats, rapportés sur la figure 3, sont exprimés en moles de chlore consommé par mole de composé organique (r') et confirment les demandes en chlore que nous avons obtenues précédemment (Cf. tableau 9).

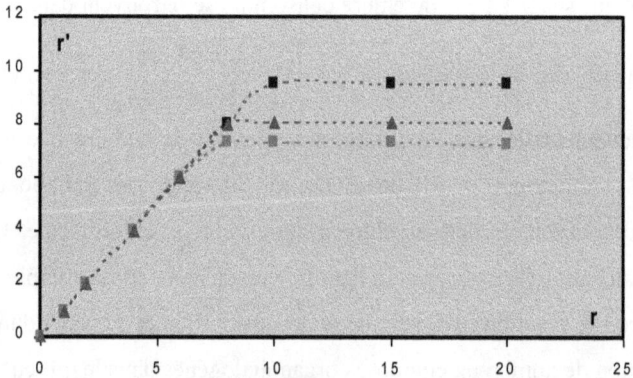

Figure 3: Influence du taux de chloration (r) sur la consommation en chlore (r') pour les composés aromatiques substitués. pH = 7; t = 2 heures.
(■): [Phénol] = $1,46.10^{-4}$ mole/l;
(■): [Résorcinol] = $1,60.10^{-4}$ mole/l; (▲) : [Aniline] = $1,07.10^{-4}$ mole/l.

Concernant la production de chloroforme, nous avons considéré le cas du résorcinol qui est un des composés les plus précurseurs de cet haloforme.

Afin d'éviter une dilution de l'échantillon chloré lors de la mesure du chloroforme, nous avons utilisé des solutions moins concentrées que pour l'étude des consommations en chlore.

L'examen de la figure 4 suggère alors que la production de chloroforme exprimée par le rendement (R%) en fonction du taux de chloration du résorcinol

(r) est pratiquement proportionnelle à ce taux de chloration jusqu'à une valeur de r de 7 à 8 qui semble correspondre à la consommation maximale en chlore. Au-delà de cette valeur, le rendement atteint un palier et l'augmentation devient faible. La réactivité du résorcinol se caractérise donc par la libération de chloroforme même pour les taux de chloration les plus faibles.

Toutefois, les produits intermédiaires de la réaction pourraient être différents selon le taux de chloration. Ainsi, aux faibles taux de chloration (r de 1 à 6), nous avons pu observer une coloration brune de l'échantillon quasi instantanée et qui correspondrait d'après certains auteurs (Rook, 1980; Jackson et al., 1987) à des structures pseudoquinoniques.

Pour ces mêmes taux, le tableau 11 montre une augmentation de l'aromaticité à 270 nm qui pourrait également être en relation avec la formation de différents chlororésorcinols en faibles quantités en milieu neutre.

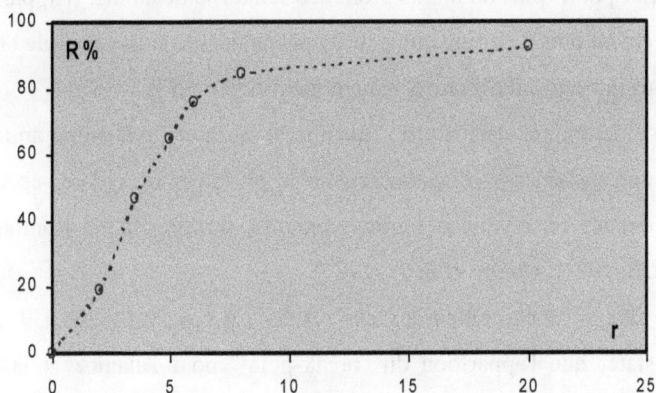

Figure 4: Influence du taux de chloration (r) du résorcinol sur le rendement en $CHCl_3$ (R%).pH = 7,5 ; t = 16 heures ; [résorcinol] = $9,09.10^{-6}$ mole/l.

Tableau 11: Influence du taux de chloration sur l'aromaticité du résorcinol.

pH = 7,5 ; t = 5 heures ; [résorcinol] = 2,7.10^{-4} mole/l.

r	0	2	6	10
DO (λ = 270 nm)	0,425	0,652	0,992	0,289

Lorsque les taux de chloration sont supérieurs à la stœchiométrie finale, nous observons une diminution de l'aromaticité qui peut s'expliquer par la dégradation du cycle aromatique et la formation de produits aliphatiques tels le chloroforme mais aussi les acides dichloro-, trichloroacétiques et chloromaléïques déjà identifiés par Rook (1980), De Laat (1982) ou Jackson (1987).

b) Acides aminés

A travers la figure 5, nous constatons que les courbes représentant l'évolution du chlore résiduel total en fonction du chlore introduit présentent un "break-point" plus ou moins prononcé selon l'acide aminé. Il apparaît plus nettement pour l'alanine que pour la phényalanine et aux taux de chlore que nous avons introduit, il est pratiquement inexistant pour la tyrosine.

Les chloramines dérivant de l'alanine et de la phénylalanine apparaissent donc comme instables et disparaissent avec un excès de chlore, ce qui rejoint les différentes observations bibliographiques (Dakin, 1916; Kantouch et Abdel-Fattah, 1971; Alouini et Seux, 1987).

De plus, si nous comparons ces résultats à ceux du tableau 9, nous pouvons constater que l'apparition du "break-point" pour l'alanine et la phénylalanine correspond à un rapport molaire chlore/acide aminé voisin de 2 et donc de la demande en chlore de ces deux composés.

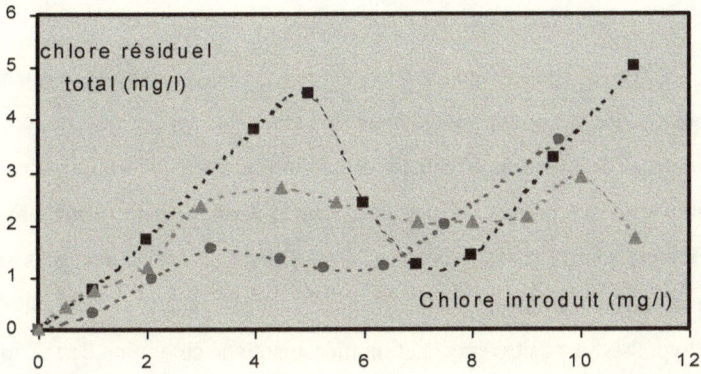

Figure 5: Evolution des courbes de "Break-point" pour : (■) alanine (4 mg/l), (•) phénylalanine (5 mg/l), (▲) tyrosine (6 mg/l); pH = 7 ; t = 2 heures.

Dans le cas de l'alanine, et en ce qui concerne les produits de chloration, l'examen de la figure 6 montre qu'après 24 heures de réaction, et lorsque l'alanine est chlorée à des taux molaires r de 0,5 à 6, le chlore libre a complètement disparu.

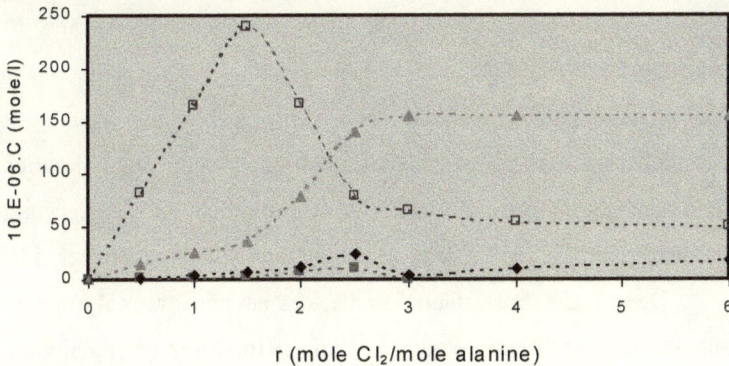

Figure 6: Influence du taux de chloration (r) sur l'évolution des produits de chloration de l'alanine. (■) NH_2Cl ; (♦) $NHCl_2 + NCl_3$; (□) CH_3CHO ; (▲) CH_3CN. [Alanine] = $2,5.10^{-4}$ mole/l ; pH = 7 ; t = 24 heures.

Les monochloramines sont présentes en faible quantité tandis que l'acétaldéhyde et l'acétonitrile sont identifiés à des teneurs variables.

Ainsi, en suivant leur évolution selon le rapport Cl_2/alanine, nous remarquons que pour r voisin de 3, l'aldéhyde accuse une nette décroissance alors que le nitrile présente un maximum. Cette évolution ajoutée à celle des chloramines a permis de supposer que la formation du nitrile provenait de la combinaison de l'acétaldéhyde et des chloramines présentes, plus spécialement les monochloramines.

L'hypothèse a pu être étayée et un mécanisme de chloration de l'alanine a pu être proposé (Achour, 1983; Le Cloirec, 1984).

Ainsi, après formation de chloramines organiques, on aboutit très vite à la dissociation du groupement NH_2 et donc à la formation de chloramines minérales NH_2Cl puis $NHCl_2$, formation de l'acétaldéhyde par décarboxylation et désamination et combinaison de cet aldéhyde avec NH_2Cl pour donner l'acétonitrile.

Cette dernière étape serait favorisée surtout en présence d'un excès de chlore, soit pour des rapports molaires Cl_2/alanine supérieurs à 2.

Ce mécanisme peut être valable pour d'autres acides aminés aliphatiques puisqu'Alouini (1987) aboutit aux mêmes conclusions concernant la valine.

Pour un acide aminé aliphatique, les produits de chloration organiques sont donc essentiellement non chlorés mais ils pourraient subir une chloration dans des conditions particulières et mener à la formation de dihaloacétaldéhydes et dihaloacétonitriles comme le révèle la littérature (Tréhy et Bieber, 1981).

Dans le cas de la chloration d'acides aminés à radical aromatique tels la phénylalanine, plusieurs études (Dakin, 1916; Murphy et Zaloum, 1975; Le Cloirec, 1984) rapportent la formation de phénylacétaldéhyde et du nitrile correspondant.

La réaction du chlore avec la tyrosine semble toutefois plus complexe du fait de l'activation du cycle aromatique.

La figure 5 montre en effet que les chloramines dérivant de la tyrosine sont plus stables, leur dégradation nécessitant de forts taux de chlore. Ceci s'expliquerait par une compétition entre la dégradation des chloramines pour l'apparition du "break-point" et une substitution électrophile sur le cycle favorisée par la présence du groupement donneur OH⁻.

Une ébauche d'analyse en HPLC (Achour, 1983) a mis en évidence la présence de trois pics sur les chromatogrammes obtenus après une chloration de 24 heures de la tyrosine à un rapport molaire de $r = 1$ et à pH neutre.

Ceux correspondant à la tyrosine et à la chloro-3-tyrosine ont pu facilement être identifiés par comparaison avec les pics d'un mélange de référence. Ce qui a permis de conclure, qu'à ce taux de chloration, la tyrosine n'était pas totalement consommée et que la dégradation du cycle aromatique n'était pas amorcée. La présence de la chloro-3-tyrosine a par ailleurs confirmé la substitution électrophile sur le cycle aromatique de la tyrosine.

Il va sans dire que, toujours d'après Tréhy (1981), un excès de chlore pourrait conduire à un clivage de ce cycle et à la libération de produits aliphatiques chlorés dont le chloroforme en faible quantité. Ce dernier aspect conforte nos résultats du tableau 9.

c) Substances humiques

Les figures 7 et 8 présentent l'évolution des différentes formes du chlore consommé (chlore consommé total, TOX et chloroforme) lors de la chloration de l'acide fulvique naturel et de l'humate de sodium.

Les essais ont eu lieu pour un pH fixé à 7,5, un temps de contact de 15 heures et un taux de chloration massique (m) variant de 0,5 à 10.

A travers les résultats obtenus, nous pouvons constater que les consommations en chlore augmentent d'une manière significative pour des valeurs de (m) inférieures à 2 puis plus faiblement pour des rapports massiques supérieurs aussi bien pour l'acide fulvique que pour l'humate de sodium. Toutefois, la consommation globale en chlore par ce dernier reste inférieure à celle de l'acide fulvique pour tous les taux de chloration.

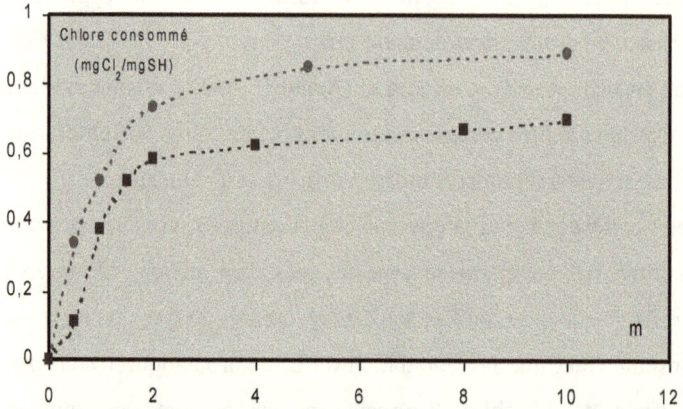

Figure 7: Influence du taux de chloration (m) sur la consommation en chlore de :
(■) l'humate de sodium (SH : 10 mg/l); (•) acide fulvique (AF : 6,3 mg/l). pH = 7,5 ; t = 15 heures.

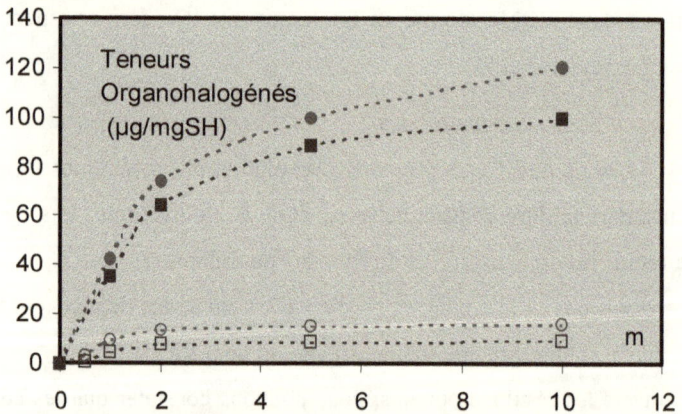

Figure 8: Influence du taux de chloration (m) sur les teneurs en :
(□) CHCl₃ et (■) TOX pour SH: 10 mg/l ; (o) CHCl₃
(•) TOX pour AF: 6,3 mg/l; pH = 7,5 ; t = 15 heures.

Quant aux composés organohalogénés formés, les teneurs en CHCl$_3$ et en TOX évoluent dans le même sens que la consommation totale en chlore.

Le calcul des grandeurs X% et Y% définies précédemment et leur évolution en fonction du taux massique m (tableau 12) laissent supposer que, jusqu'à des rapports m voisins de 2, la consommation en chlore est attribuable aussi bien à la formation de composés volatils que non volatils.

Pour des taux supérieurs à 2, la formation de produits non volatils semble favorisée.

Il faut également souligner que l'aromaticité pour λ = 254 nm diminue progressivement lorsque l'acide fulvique est chloré à des taux variant de 1 à 7, à pH neutre (Achour, 1992). Ceci peut permettre de supposer qu'une augmentation du taux de chloration tendrait à dégrader une partie des sites aromatiques de l'acide fulvique étudié.

Tableau 12: Evolution de X% et Y% en fonction du taux de chloration.

SH : 10 mg/l ; AF : 6,3 mg/l ; pH = 7,5 ; t = 15 heures.

m	0,5	1	2	5	10
X%					
AF	1,6	3,2	3,2	3,2	3,2
SH	1,4	2,2	2,3	-	-
Y%					
AF	-	19,4	15,8	13,5	11,9
SH	-	11,7	10,8	8,3	-

II.4.2. *Influence du temps et du pH sur la réactivité des composés organiques testés*

a) Composés aromatiques substitués

La figure 9 présente les principaux résultats concernant l'évolution des cinétiques de consommation en chlore par le phénol, le résorcinol et l'aniline.

Pour chaque composé, trois pH différents entre 4 et 9 ont été testés et le taux de chloration adopté a été de r = 10 compte tenu des résultats des demandes en chlore (Cf. tableau 9).

L'évolution du chlore consommé est exprimée par le paramètre r' en moles de chlore consommé par mole de composé organique.

Pour tous les composés étudiés et quelque soit le pH du milieu, les cinétiques de consommation en chlore comportent globalement deux étapes dont la première est rapide. Toutefois, la variation du pH influe différemment selon les caractéristiques des composés et notamment leur pKa.

Pour les aromatiques hydroxylés (phénol et résorcinol), la réactivité diminue en passant de   pH = 4 à pH = 9 (pKa = 9,81 et 9,89 respectivement pour le phénol et le résorcinol), alors que pour l'aniline, la consommation est maximale à pH basique et une réactivité intermédiaire est observée à pH acide (pKa = 4,6 pour l'ion anilinium) lors de la seconde étape de la réaction.

Par ailleurs, il est bon de noter que lorsqu'on passe de pH = 4 à pH = 9, le chlore actif libre passe de la forme HClO à ClO⁻. Les mécanismes de la chloration seront donc liés à la spéciation du chlore mais aussi à la structure du composé organique qui peut varier selon le pH (protoné, neutre ou chargé négativement).

Tous ces mécanismes qui semblent comporter des étapes lentes donc cinétiquement limitantes pour un pH basique dans le cas des phénols et pour un pH acide et surtout neutre dans le cas de l'aniline pourront éventuellement aboutir à la formation de produits de chloration différents selon le pH.

Concernant la formation de produits organochlorés et notamment le chloroforme, nous avions montré que la chloration de l'aniline et du phénol n'aboutissait qu'à de faibles rendements en $CHCl_3$ à pH neutre.

Dans le cas du phénol, la variation du pH entre 4 et 12 n'a pas semblé influer d'une manière notable sur les rendements en CHCl$_3$ comme en témoignent nos résultats du tableau 13.

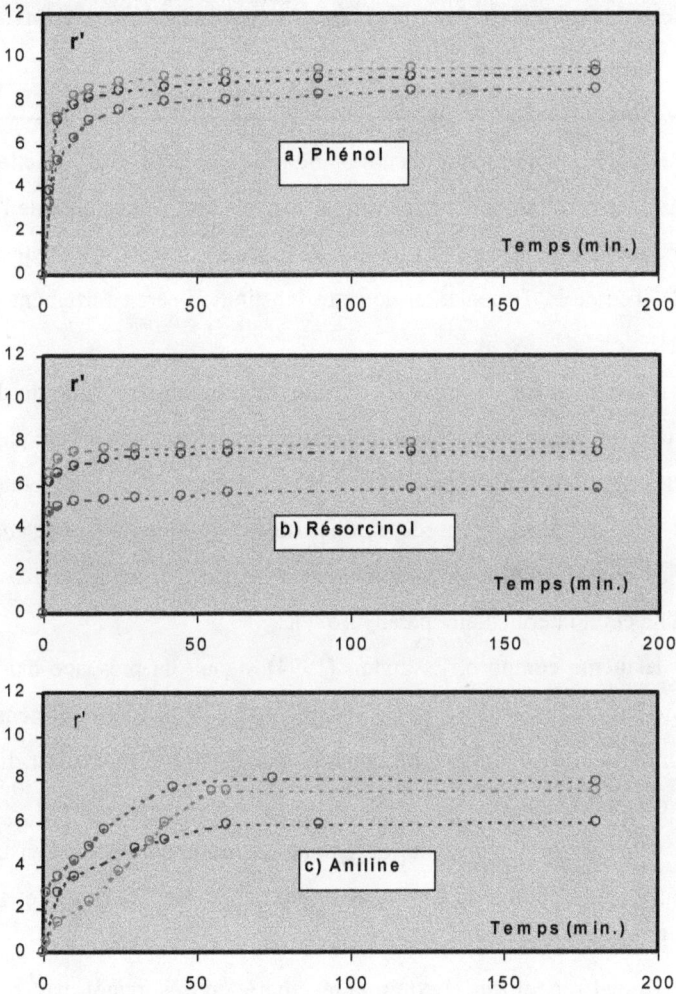

Figure 9: Influence du temps et du pH sur les consommations en chlore des composés aromatiques substitués ; r = 10. (--o--) pH = 4 ; (--o--) pH = 7 ; (--o--) pH = 9.
a)   [Phénol]=1,46.10^{-4} mole/l;   b)   [résorcinol]=1,60.10^{-4} mole/l;   c) [Aniline]=1,07.10^{-4} mole/l.

Tableau 13: Influence du pH sur le rendement en $CHCl_3$
pour le phénol. r = 20 ; t = 2 heures.

pH	4,0	7,2	9,0	12
R%	1,0	2,3	2,2	1,4

De ce fait, la chloration du phénol ou de l'aniline aboutira essentiellement à des produits de substitution électrophile sur le cycle aromatique comme l'ont signalé divers auteurs (Murphy et Zaloum, 1975; De Laat et al., 1982; Jenkins et al., 1978). Toutefois, l'orientation de cette substitution serait fortement dépendante du pH.

Des réactions plus complexes peuvent se produire du fait de la réaction éventuelle d'ions hydroxyles ou de protons sur le substrat organique, de même que des réactions entre le produit final et des intermédiaires réactionnels.

C'est en particulier le cas de l'aniline dont la chloration peut aboutir selon Jenkins et al. (1978) à l'indoaniline par hydroxylation puis condensation entre l'aniline et un intermédiaire parahydroxylé.

Pour le même composé, Essington (1994) signale la présence d'un complexe aniline-anilinium dans un domaine de pH proche du pKa de déprotonation de cet ion anilinium, ce complexe présenterait une réactivité tout à fait différente de celle du produit initial.

Concernant les produits de chloration, nous avions pu constater que le potentiel de formation du $CHCl_3$ était important après 24 heures et à pH neutre dans le cas du résorcinol.

La figure 10 confirme l'extrême réactivité du résorcinol par rapport à la production de chloroforme car au bout de deux minutes de réaction, presque tout le chloroforme est déjà formé. Le milieu neutre semble par ailleurs correspondre à la zone de réactivité maximale vis-à-vis de la réaction haloforme comme le montre le tableau 14.

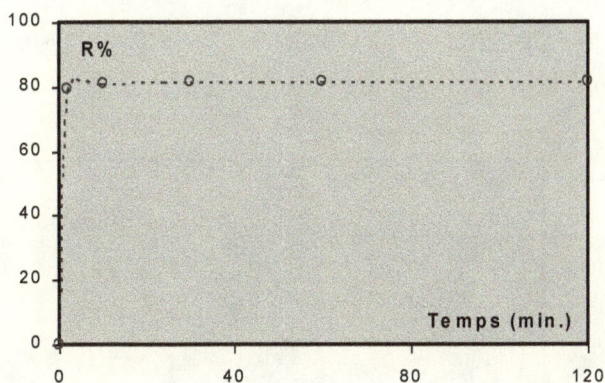

Figure 10: Influence du temps de contact sur le rendement en chloroforme (R%)
[Résorcinol] = $9,09.10^{-6}$ mole/l ; pH = 7,5 ; r = 10.

Tableau 14: Influence du pH sur le rendement en $CHCl_3$.

[Résorcinol] = $9,09.10^{-6}$ mole/l ; pH = 7,5 ; t = 16 heures.

pH	4,0	7,5	9,2
$CHCl_3$ (µg/l)	632,1	902,8	812,1
R %	58,2	83,1	74,8

Tous ces résultats confirment les données bibliographiques (De Laat et al., 1982; Merlet, 1986) qui indiquent des constantes de vitesse significatives, comprises entre 1000 et 2000 mole^{-1}.s^{-1} pour le résorcinol à pH = 7,5. Il est intéressant de noter qu'à un composé tel l'acétone, à cinétique lente à pH neutre, correspond une constante de vitesse de $1,8.10^{-7}$ s^{-1} (De Laat et al., 1982).

A pH basique, la chloration d'intermédiaires tels les chlororésorcinols est fortement ralentie et expliquerait les valeurs du rendement en $CHCl_3$ obtenues à ce pH.

b) Composé azotés : acides aminés – uracile

• La chloration d'acides aminés tels l'alanine et la phénylalanine aboutit à des proportions en chloramines variables selon le pH (figure 11).

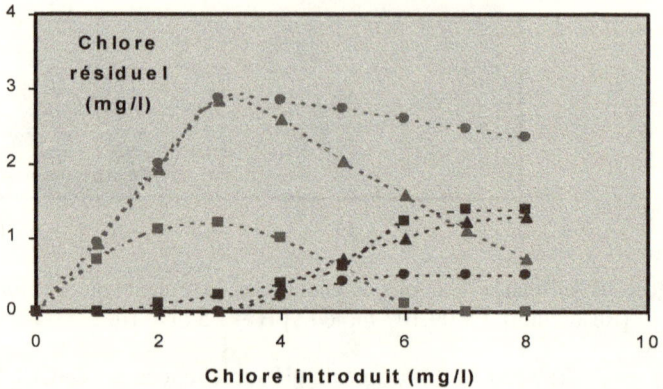

Figure 11: Influence du pH sur l'évolution des chloramines pour l'alanine (4 mg/l); t = 2 heures. (---) Monochloramines; (---) Dichloramines. (■) pH =5; (▲) pH = 7; (•) pH = 9.

Nous pouvons ainsi constater qu'aux faibles rapports molaires Cl_2/acide aminé utilisés, la monochloramine se forme en quantité plus importante pour un pH voisin de 9 que pour un pH égal à 5. Par contre, l'apparition de la dichloramine nécessite moins de chlore à pH = 5 qu'à pH = 9. Ceci rejoint en particulier les résultats des travaux de Weil et Morris (1949) et Strupler (1974).

Quant aux cinétiques d'évolution des chloramines (figure 12), elles montrent que la formation de ces chloramines est très rapide (moins de 10 minutes) et que celle-ci est suivie par leur dégradation qui devient considérable au bout de quelques heures, surtout dans le cas des monochloramines. Cette disparition des chloramines aurait pu s'expliquer par une hydrolyse aboutissant à un composé du type NH_2OH comme c'est le cas lors de la chloration de l'ammoniaque (Martin, 1979).

Cependant, cette hydrolyse, si elle se produisait, serait très lente (Achour, 1983) et ne pourrait justifier la dégradation rapide observée au cours des cinétiques que nous avons suivies.

Cette décomposition des chloramines peut alors avoir pour origine leur participation à un mécanisme de formation d'un autre produit de chloration de ces acides aminés et qui serait un nitrile, mécanisme que nous avions développé dans le paragraphe précédent.

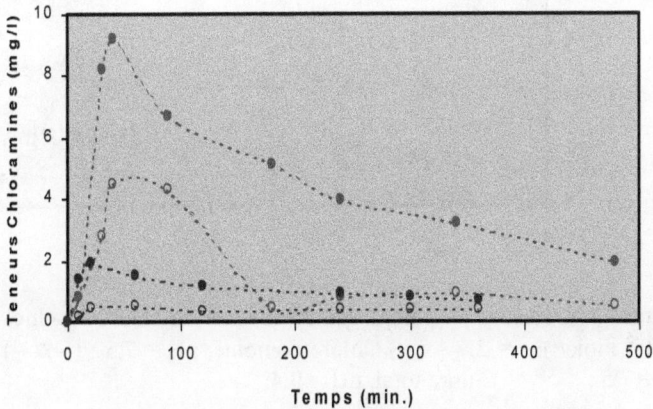

Figure 12: Influence du temps sur l'évolution des chloramines pour : (----) l'alanine (4mg/l) et (----) phénylalanine (5 mg/l); pH = 7; r = 2.
(•) NH_2Cl ; (o) $NHCl_2$.

• Pour l'uracile, seuls quelques essais ont été réalisés et qui devront être complétés pour étudier plus en détail les cinétiques de dégradation et de formation des différents sous-produits de sa chloration. Toutefois, le suivi de la cinétique de sa chloration a pu être réalisé, à un rapport molaire Cl_2/uracile égal à 2 et pour deux pH différents (pH = 7,5 ; pH = 9,4).

Les résultats apparaissent sur la figure 13 et représentent l'évolution du chlore résiduel en fonction du temps. Le suivi du chlore combiné total n'a été effectué qu'à pH = 7,5. Il est intéressant de constater que le chlore combiné est présent à

faibles teneurs (environ 10% du chlore résiduel total) et se dégrade assez rapidement.

Gould et Hay (1982) émettent l'hypothèse que ce chlore combiné serait essentiellement sous forme de NCl$_3$ facilement détecté grâce à son odeur caractéristique.

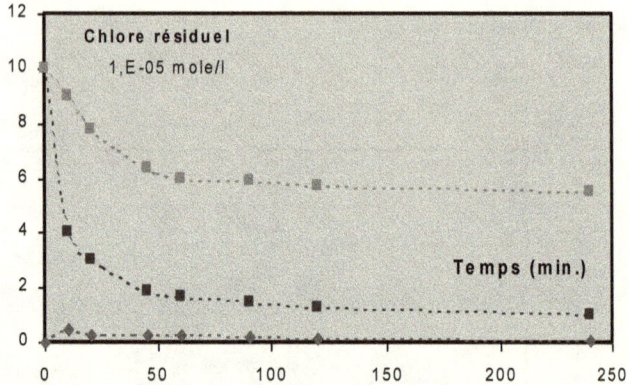

Figure 13: Influence du temps sur l'évolution du chlore résiduel pour l'uracile (5.10^{-5} mole/l); r = 2. (-- ♦ --) Chlore combiné, pH = 7,5 ; (-- ■ --) Chlore total , pH = 7,5 ; (-- ■ --) Chlore total, pH = 9,4.

Par ailleurs, il semble, d'après nos résultats, que la consommation en chlore et notamment la vitesse de cette réaction, soit fortement dépendante du pH.

Ainsi, il parait évident que le chlore est plus rapidement consommé par l'uracile à un pH = 7,5 qu'à un pH fortement basique.

Tout ceci peut avoir son importance car l'uracile serait d'une part plus réactive vis-à-vis du chlore dans les conditions courantes de chloration des eaux naturelles (pH neutre, faibles taux de chloration) et pourrait d'autre part donner naissance à des produits générateurs de mauvais goûts (NCl$_3$) ou des produits dont l'innocuité doit être considérée avec une grande circonspection (produits substitués tels la chloro-5-uracile).

c) Substances humiques

La figure 14 fait apparaître les résultats du suivi des consommations en chlore en fonction du temps aussi bien pour l'acide fulvique que pour l'humate de sodium.

Le suivi des teneurs en organohalogénés formés (TOX et chloroforme) n'est présenté que pour l'acide fulvique (figure 15).

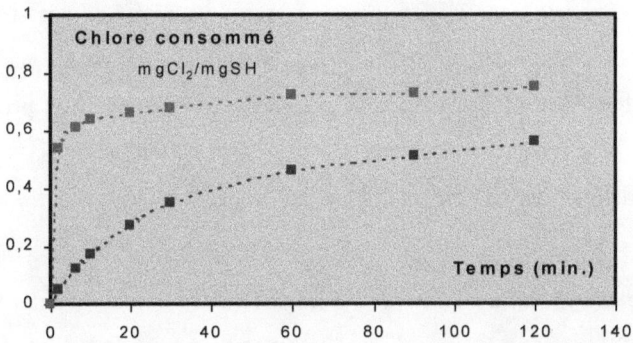

Figure 14: Cinétiques de consommation en chlore par les substances humiques. SH : 10 mg/l ; AF : 6,3 mg/l ; pH = 7,5 ; m = 2. ; (-- ■ --) AF; ; (-- ■ --) SH.

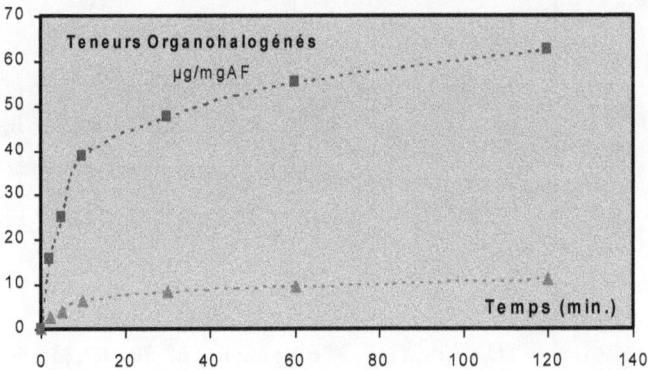

Figure 15: Influence du temps de contact sur la formation de : (▲) CHCl$_3$; (■)TOX. AF : 6,3 mg/l ; pH = 7,5 ; m = 2.

Les différentes cinétiques que nous observons présentent une allure globalement similaire, en deux étapes, dont la première est rapide durant les premières minutes de la réaction suivie d'une étape plus lente qui dure plusieurs heures, voire même plusieurs jours.

Cependant, il faut remarquer que ces SH présentent, notamment vis-à-vis de la formation des composés halogénés une réactivité moyenne, intermédiaire entre celle observée pour les composés du type résorcinol et des structures moins réactives comme certains aromatiques (phénol, aniline) ou des acides aminés.

Le ralentissement de la réaction peut donc être attribué à la présence de sites moins réactifs que les structures métapolyhydroxybenzéniques.

La réactivité des SH est aussi fonction du pH comme le montre les résultats du tableau 15.

Tableau 15: Influence du pH sur les différentes formes du chlore consommé.
m = 2 ; t = 15 heures.

pH	2,0	4,0	7,5	9,0	11
Cl_2 consommé (mgCl$_2$/mgSH)					
SH	-	0,71	0,62	0,51	-
AF	0,78	0,83	0,87	0,85	0,65
$CHCl_3$ (μg/mgAF)	1,13	4,97	13,49	14,89	14,86
TOX (μgCl⁻ /mgAF)	76	62,40	62,30	62,23	50,71

Nous pouvons ainsi constater que la consommation en chlore semble maximale pour des pH où le chlore est principalement sous forme d'acide hypochloreux HClO.

Quant au $CHCl_3$ formé, sa teneur augmente dans le même sens que le pH avec une légère stabilisation à partir de pH = 9. Les TOX semblent moins sensibles aux variations de pH, notamment antre pH = 4 et pH = 9. Leur teneur diminue toutefois assez brusquement à partir d'un pH = 9. Selon Meier (1983), cette diminution pourrait être attribuable à l'instabilité de la fraction non volatile des composés organohalogénés et donc à leur rapide dégradation à des pH basiques.

Mais d'une façon générale, les SH que nous avons testées ne présentent pas d'optimum très évident pour un pH donné comme nous l'avions observé pour un composé du type résorcinol ou comme le révèle la littérature (Merlet, 1986) pour les cétones.

Ce fait pourrait s'expliquer, dans le cas des SH, par l'effet antagoniste de la forme présente en chlore actif (HClO/ClO⁻) et de celle des sites des SH présents avec les variations de pH. Il faut rappeler que les SH sont caractérisées par deux principaux pK qui sont de l'ordre de 4,2 et 8,6 (Thurman, 1985).

Il faut enfin souligner qu'à partir de diverses données semi-empiriques, les différentes tentatives de modélisation des cinétiques de réaction des SH ont été proposées (Urano et Takemasa, 1986; Croué, 1987; Jadas-Hecart et al., 1992). Cependant, aucun des modèles proposés n'est encore entièrement satisfaisant en raison du manque de données concernant tous les autres composés susceptibles d'intervenir dans la formation des composés organohalogénés lors de la chloration d'une eau de surface.

II.5. Conclusion

Comme l'ont observé d'autres auteurs, nous avons montré que la chloration des substances organiques que nous avons testées (composés aromatiques simples, azotés et SH) s'accompagne d'une forte consommation en chlore et de la formation de composés organohalogénés volatils ou non volatils.

La valeur des consommations en chlore de ces structures permet de dire que seules quelques-unes contribuent notablement à la demande en chlore d'une eau naturelle. Il s'agit principalement des cycles aromatiques substitués par au moins un groupement donneur (phénol, aniline, résorcinol,...), des composés azotés, des SH et particulièrement les acides fulviques toujours présents en plus fortes concentrations que les acides humiques dans les eaux de surface.

Parmi les précurseurs potentiels d'organohalogénés, les SH jouent évidemment un rôle fondamental. Cependant, d'autres composés organiques communément présents dans les eaux naturelles pourraient générer un grand nombre de sous-produits de la chloration incluant le chloroforme en faible quantité.

Parmi ces composés, les acides aminés libres ou combinés et les algues, par le biais de leurs métabolites protéiniques, ont souvent été invoqués pour rendre compte de la totalité du chlore organiquement lié dans les eaux naturelles.

Ainsi, ces dernières années, les acides aminés sont apparus comme un paramètre de choix pour évaluer la qualité d'une eau traitée tant sur le plan de sa stabilité biologique que sur le plan de sa réactivité aux oxydants.

Cependant, cette grande variété de composés susceptibles d'intervenir dans le mécanisme de formation des composés organohalogénés et dans la définition des cinétiques impliquées a conduit à l'échec de différentes tentatives de modélisation des phénomènes observés.

Le principal problème se situe souvent au niveau de l'isolation et de la détection des précurseurs ou des sous-produits de la chloration malgré un

74

perfectionnement appréciable, durant ces deux dernières décades, des techniques de chromatographie couplée à la spectrographie de masse.

Les THM, bien que ne représentant qu'un faible pourcentage du chlore consommé restent donc les plus facilement dosables.

Le chloroforme, majoritaire parmi les THM, ne serait toutefois qu'un produit possible de chloration des SH.

Les TOX, eux-mêmes, ne représentent en général qu'une proportion assez réduite du chlore consommé. Ce qui met en évidence la prépondérance de réactions d'oxydation par rapport aux réactions de substitution générant ces TOX.

Compte tenu des résultats obtenus à la fois sur les composés simples et sur les SH, nous pouvons également supposer que les SH testées (AF Gatineau et l'humate de sodium) possèdent dans leurs structures des sites à la fois consommateurs de chlore et précurseurs d'organohalogénés.

Nous pourrions aussi suggérer l'existence d'une corrélation assez nette entre la nature des SH, mais surtout leurs caractéristiques (absorbance en UV, fonctions phénoliques,...) et les potentiels de réactivité.

Toutefois, il y a lieu d'être prudent dans la généralisation de ces constatations à tous les types de SH et un grand nombre d'essais sera nécessaire pour établir d'une manière certaine ce type de corrélation.

Par ailleurs, la réactivité des SH tout comme celle des composés organiques les plus réactifs, est fonction de différents paramètres opératoires comme le taux de chlore appliqué, le temps de chloration et le pH.

Tous les résultats obtenus et notamment le comportement cinétique des SH permettent de supposer la coexistence de sites de réactivités différentes dans les structures complexes et encore mal définies de ces SH.

Compte tenu des résultats relatifs aux composés simples, ces sites peuvent être apparentés à des aromatiques substitués, des acides aminés et à des composés cétoniques de cinétiques toujours plus lentes que les précédentes structures.

Enfin, il semble que, dans la gamme de pH des eaux naturelles, la réactivité des SH dépende peu du pH. Ceci s'expliquerait par l'existence d'un phénomène antagoniste relatif d'une part à la spéciation du chlore et d'autre part à la variabilité des sites ionisés des SH en fonction du pH.

Enfin, il faut rappeler que tous les essais de ce chapitre se sont déroulés dans un milieu de force ionique très faible (eau distillée) tout comme les divers travaux auxquels nous avons fait jusqu'à présent référence.

Il serait donc intéressant d'observer l'incidence de la variation de la force ionique du milieu et donc de sa minéralisation totale.

Le prochain chapitre aura donc pour objectif l'étude de la réactivité vis-à-vis du chlore de composés organiques dilués dans des milieux de conductivités ou de minéralisations variables.

CHAPITRE III : Effet de la minéralisation sur la réactivité de composés organiques vis-à-vis du chlore

III.1. Introduction

L'objectif est d'apporter une contribution à la connaissance de l'effet de la minéralisation totale ainsi que de certains éléments minéraux spécifiques sur la chloration de composés organiques simples et complexes.

Compte tenu des résultats présentés dans le chapitre précédent, le choix de composés aromatiques substitués par des groupements activants (phénol, résorcinol, aniline) se trouve justifié.

De même, le comportement de l'humate de sodium peut être considéré comme représentatif des phénomènes qui peuvent avoir lieu lors de la chloration de SH extraites d'eaux de surface.

L'étude est abordée essentiellement sous l'angle de la détermination des consommations en chlore du fait que la connaissance de la demande en chlore est fondamentale pour le contrôle physico-chimique de la désinfection.

Dans un premier temps, il s'agit d'observer l'impact du paramètre global "minéralisation totale" d'une eau, appréhendé par la mesure de la conductivité.

Les potentiels de consommation en chlore seront comparés en prenant comme référence ceux déjà obtenus en solutions d'eau distillée.

Dans un second temps, l'incidence de certains éléments minéraux spécifiques sera examinée lors de la chloration des composés organiques testés.

Bien que la présence simultanée d'ammoniaque et de matière organique ait déjà fait l'objet de quelques travaux (Merlet, 1986; Croué, 1987; Achour, 1993), il nous a paru intéressant de revoir cet aspect et de préciser les phénomènes observés.

Il en sera de même pour la présence des bromures ou encore celle des chlorures et des sulfates compte tenu de leur prédominance dans la matrice minérale des eaux du sud algérien.

III.2. Matériel et méthodes

III.2.1. *Préparation des solutions synthétiques des composés organiques*

Les composés organiques modèles sont le phénol, le résorcinol, l'aniline et l'humate de sodium. Leurs caractéristiques ont déjà été présentées dans les tableaux 5 et 6.

Mise à part l'eau distillée, les milieux de dilution choisis sont constitués par trois eaux souterraines exemptes de matières organiques et de chlore résiduel libre.

L'eau de Drauh provient d'un forage au sud-est de la ville de Biskra. L'eau de Biskra est celle d'un forage dans le champ captant d'oued Biskra.

L'eau "Ifri" embouteillée est une eau de source commercialisée.

Leurs caractéristiques physico-chimiques ont pu être déterminées en laboratoire (Guergazi et Achour, 1998) et sont présentées dans le tableau 16.

Notons que les déterminations analytiques ont été effectuées en accord avec les méthodes standard d'analyse (AFNOR, 1987; Rodier, 1996).

Tableau 16: Caractéristiques physico-chimiques des
eaux minéralisées de dilution

PARAMETRES	EAU IFRI	EAU DRAUH	EAU BISKRA
Température (°C)	18,0	14,0	18,0
Conductivité (µS/cm)	520	1326	3800
pH	7,5	7,5	8,3
TAC (°F)	19,0	15,0	14,2
TH (°F)	29,5	80,0	93,2
Ca^{2+} (mg/l)	92	168	198,4
Mg^{2+} (mg/l)	15,6	91,0	107
Cl^- (mg/l)	19,0	263	976
SO_4^{2-} (mg/l)	27,0	475	1200
Na^+ (mg/l)	17,3	68,5	486
NH_4^+ (mg/l)	0,0	0,0	2,0

III.2.2. *Solutions de composés minéraux spécifiques*

Les solutions des différents composés minéraux testés ont été préparées et utilisées de la façon suivante:

- Azote ammoniacal de 0 à 2 mg/l

- Bromures de 0 à 2 mg/l

- Chlorures de 0 à 500 mg/l

- Sulfates de 0 à 1500 mg/l.

Ces gammes de concentrations ont été adoptées afin d'être aussi proches que possible de celles rencontrées dans les eaux algériennes.

III.2.3. *Mise en œuvre de la chloration*

La chloration des composés organiques dissous dans les eaux minéralisées est réalisée en utilisant une solution d'eau de Javel diluée dans de l'eau distillée. Son titre exact en grammes par litre est régulièrement vérifié par la méthode iodométrique. Les essais sont réalisés selon la même procédure que celle décrite au chapitre II de cette première partie.

Les potentiels de consommation en chlore (D) et ($PCCl_2$) respectivement pour les composés simples et les substances humiques sont déterminés pour :

- Un rapport molaire r constant égal à 20 ou variable en présence d'ammoniaque afin de mieux appréhender le phénomène de "break-point".

De la même manière, un rapport massique m = 2 constant pour la chloration des SH ou parfois variable.

- Un temps de contact allant jusqu'à 24 heures.

- Un pH voisin de la neutralité correspondant au pH des milieux minéralisés naturellement tamponnés.

L'influence d'un pH acide ou basique est observée en ajustant le pH par l'acide chlorhydrique ou de la soude concentrés.

L'incidence des teneurs croissantes d'éléments minéraux spécifiques (NH_4^+, Br^-, Cl^- et SO_4^{2-}) sur les potentiels de consommation en chlore par les différents composés organiques testés est également considérée.

En présence d'ammoniaque et de bromures, quelques essais ont été consacrés au suivi du chloroforme formé par chloration des substances organiques étudiées.

Rappelons que les consommations en chlore sont déduites de la détermination du chlore résiduel dans le milieu, par la méthode iodométrique.

III.3. Résultats des essais de détermination des potentiels de consommation en chlore par les composés organiques en milieux minéralisés

III.3.1. *Mise en évidence des écarts entre les potentiels de consommation en chlore en eau distillée et ceux en eaux minéralisées*

Les composés aromatiques simples (phénol, résorcinol, aniline) et les substances humiques (humate de sodium) présentent les potentiels de consommation en chlore apparaissant dans les tableaux 17 et 18.

Pour des conditions expérimentales données et précisées dans ces mêmes tableaux, les résultats obtenus révèlent que les composés organiques testés restent très réactifs vis-à-vis du chlore quelque soit la minéralisation totale et donc la force ionique du milieu de dilution.

Toutefois, il est intéressant de noter que les potentiels en eaux minéralisées accusent des variations souvent notables par rapport à ceux obtenus en eau distillée.

Tableau 17: Demandes en chlore des composés aromatiques simples. r = 20 ;
t = 24 heures;[phénol] = $1,06.10^{-4}$ mole/l ; [résorcinol] = $9,09.10^{-5}$ mole/l ;
[aniline] = $1,02.10^{-4}$ mole/l.

Milieux de dilution	Conditions expérimentales	D (moles Cl_2/moles composé)		
		Phénol	Résorcinol	Aniline
Eau distillée	pH = 7,0 0,2 µS/cm TH – TAC = 0	9,61	7,41	8,31
Eau Ifri	pH = 7,5 520 µS/cm TH–TAC=10,5 °F	13,98	12,13	12,48
Eau Drauh	pH = 7,5 1326 µS/cm TH–TAC=65 °F	9,53	9,95	8,84
Eau forage oued Biskra	pH = 8,3 3800 µS/cm TH–TAC=79 °F	15,25	12,74	17,20

Tableau 18: Potentiels de consommation en chlore pour les substances humiques. m = 2 ; t = 24 heures ; SH : 10 mg/l ; (51% C)

		PCCl$_2$	
Milieux de dilution	Conditions expérimentales	mgCl$_2$/mSH	mgCl$_2$/mgC
Eau distillée	pH = 7,1 0,1 µS/cm	0,688	1,349
Eau Ifri	pH = 7,6 520 µS/cm	1,041	2,041
Eau Drauh	pH = 7,5 1326 µS/cm	0,828	1,626
Eau forage oued Biskra	pH = 8,3 3800 µS/cm	1,063	2,084

Ceci peut être mis en évidence par le calcul des écarts (E) exprimés en pourcentages, entre les potentiels de consommation en eau distillée et ceux en eaux minéralisées :

$$E = \left(1 - \frac{Potentiel\ en\ eau\ distillée}{Potentiel\ en\ eau\ minéralisée} \right) \times 100$$

Le paramètre (E) ainsi calculé permet de constater les différences de réactivité selon la structure du composé et selon le milieu de dilution (tableau 19).

Ces observations conduisent avant tout à penser que la minéralisation d'une eau pourrait affecter la réaction du chlore avec les matières organiques présentes dans cette eau. Par ailleurs, les variations et donc les écarts les plus élevés sont observés dans le cas de l'eau de forage d'oued Biskra. Par suite, on aurait pu s'attendre à ce que l'écart soit plus important en présence de l'eau de Drauh plus minéralisée que l'eau d'Ifri.

Mais nos résultats aboutissent à une inversion de l'ordre d'accroissement des écarts entre ces deux eaux.

En effet, quelque soit le composé organique considéré, nous avons :

$$E_{\text{Oued Biskra}} > E_{\text{Eau Ifri}} > E_{\text{Eau Drauh}}$$

Ce qui permet de suggérer que la conductivité ou la minéralisation totale n'est pas le seul paramètre à prendre en considération mais plutôt sa composante et ses principaux constituants minéraux.

Nous pourrions ainsi remarquer qu'une différence essentielle entre l'eau d'Ifri et celle de Drauh apparaît dans la composition de leurs duretés permanentes (TH – TAC). Cette dernière passe de 10,5 °F pour l'eau d'Ifri à 65 °F pour l'eau de Drauh. La dureté permanente est généralement liée à la présence de chlorures et de sulfates en quantités importantes dans l'eau de Drauh (Cf. tableau 16). A de telles teneurs, ces chlorures et sulfates pourraient donc jouer un rôle dans les réactions de chloration des matières organiques induisant, semble-t-il, des potentiels de consommation plus faibles.

Quant à l'eau de forage d'oued Biskra, bien que sa dureté permanente y soit très importante (TH – TAC = 79 °F), les fortes consommations et donc les écarts (E) élevés s'expliqueraient plutôt par la présence d'une forte teneur en azote ammoniacal (2 mg/l) attribuable à une pollution par les rejets d'eaux usées de la ville de Biskra.

L'azote ammoniacal pourrait donc avoir un rôle promoteur dans la consommation en chlore pouvant estomper l'influence inhibitrice des chlorures et des sulfates. Cet aspect gagnera toutefois à être précisé car il est prévisible que les concentrations relatives des éléments en présence (ammoniaque, chlorures/sulfates, composés organiques) pourront aboutir à des réactions compétitives selon un schéma pouvant devenir très complexe.

Enfin, il faut signaler que, tout comme en eau distillée, le comportement intermédiaire des SH entre des structures telles le résorcinol et le phénol ou l'aniline est mis en exergue par les valeurs des écarts du tableau 19.

Tableau 19: Ecarts (E%) entre les potentiels de consommation en chlore par les composés organiques en eau distillée et en eaux minéralisées.

Eau de dilution	E (%)			
	Phénol	Résorcinol	Aniline	SH
Eau Ifri	32,26	38,91	33,41	33,91
Eau Drauh	0,84	25,53	6,00	16,91
Eau forage Oued Biskra	36,98	41,84	51,68	35,28

III.3.2. *Influence du pH et du temps de réaction sur les potentiels de consommation*

En plus de la force ionique ou des composants minéraux du milieu de dilution, d'autres caractéristiques peuvent avoir une incidence notable sur la réactivité des composés organiques et donc des mécanismes mis en jeu au cours de leur chloration.

Ceci avait été déjà mis en évidence lors des essais réalisés en eau distillée concernant en particulier l'effet du pH ou du temps de contact entre le chlore et la matière organique.

Lorsque le milieu est minéralisé, le pH exerce également une influence non négligeable sur le déroulement des réactions de chloration.

Ainsi, nous avions pu constater que l'eau de forage de l'oued Biskra était caractérisée par un pH basique (pH = 8,3) contrairement aux autres eaux de dilution. Ce qui a probablement contribué à augmenter la réactivité de l'aniline par rapport aux autres composés organiques (Cf. tableaux 18 et 19).

Cependant, dans le cas des autres composés organiques testés, la réactivité maximale apparaît plutôt à pH neutre avec une augmentation des potentiels dans l'ordre suivant : (Potentiel à pH = 7) ≥ (Potentiel = 4) ≥ (Potentiel = 9) (tableau 20).

Tableau 20: Influence du pH sur les consommations en chlore des composés organiques. r = 20 ; m = 2 ; t = 24 heures

	D (moles Cl_2/mole composé)						C (mgCl_2/mgSH)		
	Phénol			Résorcinol			SH		
pH	4	7	9	4	7	9	4	7	9
Eau Ifri	12,01	13,98	11,96	11,86	12,13	12,02	0,800	1,041	10,6
Eau Drauh	9,53	9,53	8,6	9,50	9,95	9,50	0,722	0,828	0,935
Eau oued Biskra	19,63	19,95	15,25	16,69	19,40	12,74	1,858	1,876	1,063

Tout comme en eau distillée, ces résultats sont à rapprocher d'une part de la spéciation du chlore et notamment de la prépondérance de l'acide hypochloreux pour des pH faiblement acides ou voisins de la neutralité. D'autre part, les variations de la structure du composé organique en fonction du pH (protoné, neutre ou chargé négativement) est également à prendre en compte et peut expliquer les différences de résultats entre les composés. Notons par ailleurs que les caractéristiques du milieu de dilution pourraient induire des effets variables du pH comme nous pouvons l'observer dans le cas de l'eau de Drauh pour laquelle le pH ne semble induire que peu de variations dans la réactivité des composés organiques simples.

A ce stade des travaux, nous pouvons donc affirmer que la complexité des effets du pH voire celle des milieux réactionnels ne permettent pas une complète interprétation des résultats obtenus.

Néanmoins, il est intéressant de noter que le suivi des consommations en chlore en fonction du temps a montré que l'effet de la minéralisation du milieu pourrait s'exercer essentiellement durant la phase rapide de la réaction chlore/matière organique (Guergazi et Achour, 1996). La variation des écarts (E%) entre les potentiels en eau distillée et en eaux minéralisées en fonction du temps montre ainsi que ces écarts sont beaucoup plus significatifs durant les cinq premières minutes de la réaction (Tableau 21).

Tableau 21: Variation des écarts (E%) en fonction du temps pour le phénol et les SH. pH = 7 ; r = 20 ; m = 2.

Temps (min.)	5	30	60	180
__Phénol__				
Eau Ifri	42,23	34,36	32,88	29,55
Eau Drauh	12,45	10,81	6,82	2,20
__SH__				
Eau Ifri	70,53	59,60	45,60	32,87
Eau Drauh	43,76	39,83	27,80	10,90

III.4. Influence de l'azote ammoniacal sur la réactivité du chlore vis-à-vis des composés organiques

III.4.1. *Composés organiques simples*

Au regard de notre étude bibliographique (Cf. chapitre I), nous savons que la présence de l'azote ammoniacal en milieu aqueux contenant de la matière organique et du chlore entraîne des réactions compétitives chlore/ammoniaque et chlore/matière organique. Afin d'illustrer cet aspect, nous présentons les résultats concernant la chloration du résorcinol, et de l'aniline à des taux variables de chlore introduit en présence d'une teneur constante d'ammoniaque (2 mg/l).

Lorsque le milieu de dilution est l'eau distillée, le chloroforme formé a pu être déterminé parallèlement au chlore résiduel (figures 16 et 17).

Lorsque le milieu est minéralisé (eaux d'Ifri et de Drauh), seul le chlore résiduel a été suivi (figure 18).

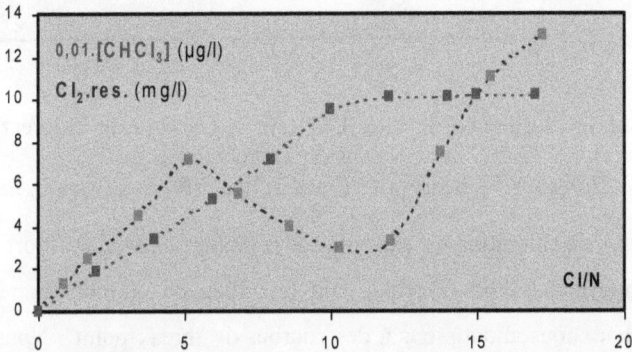

Figure 16: Evolution du chlore résiduel (■) et du CHCl$_3$ (■) en fonction du rapport Cl/N pour le résorcinol (2.10^{-5} mole/l) en eau distillée. NH$_4^+$: 2 mg/l ; t = 2 heures.

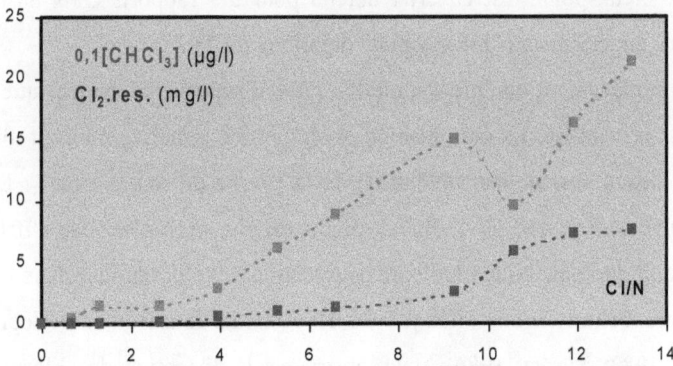

Figure 17: Influence du rapport Cl/N sur l'évolution du chlore résiduel(■) et du CHCl$_3$(■) pour l'aniline (2,5.10^{-5} mole/l) en eau distillée. NH$_4^+$: 2 mg/l ; t = 2 heures.

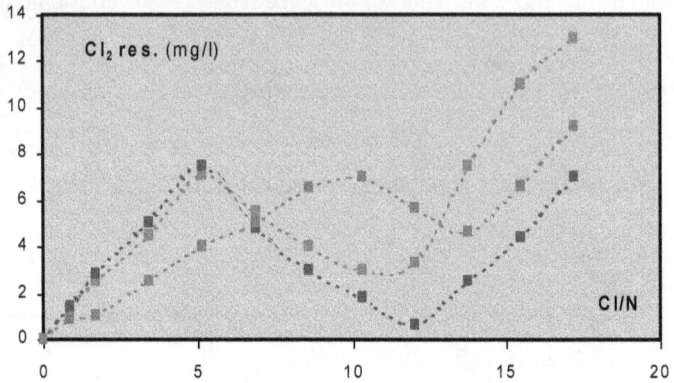

Figure 18: Influence du taux Cl/N sur l'évolution du chlore résiduel pour le résorcinol (2.10^{-5} mole/l) dans différentes eaux.
NH$_4^+$: 2 mg/l; t = 2 heures.(▩) Eau distillée ; (■) Eau Ifri; (▩) Eau Drauh.

Le taux de chloration est exprimé par le rapport massique Chlore introduit/Azote ammoniacal (Cl/N). Quelque soit le milieu de dilution du résorcinol ou de l'aniline, nous aboutissons à des courbes de "break-point". Nous pouvons aussi constater que la présence simultanée du composé organique et de l'ammoniaque modifie la courbe de "break-point" en provoquant un déplacement vers les plus fortes demandes en chlore.

Le "break-point" est en effet obtenu pour des rapports Cl/N au-delà de 10 et donc supérieurs au "break-point" théorique de 7,6.

Le déplacement du "break-point" semble d'autant plus évident que le milieu est plus minéralisé. La composition de la matrice minérale pourrait ainsi avoir une incidence notable sur l'évolution de la courbe de "break-point". En effet, nous pouvons observer que le "break-point" est plus marqué en eau d'Ifri qu'en eau de Drauh, indiquant une meilleure dégradation des chloramines dans l'eau d'Ifri.

Enfin, comme le laissaient prévoir les résultats de travaux antérieurs (De Laat et al., 1982; Merlet, 1986), nous observons la formation du chloroforme dès les plus faibles taux de chloration pour le résorcinol. Il y a donc formation quasi complète du CHCl₃ bien avant le "break-point", parallèlement à la formation des chloramines.

Pour un composé de réactivité moindre tel l'aniline, la production de chloroforme ne s'effectue que pour des taux de chloration correspondant à la zone de dégradation des chloramines sur la courbe de "break-point".

III.4.2. *Substances humiques*

En présence d'une teneur donnée d'azote ammoniacal, la chloration des SH en eau distillée aboutit, tout comme pour les composés simples, à la formation de chloroforme avant le "break-point" mais selon un mécanisme qui se rapprocherait beaucoup plus de celui en présence d'aniline (figure 19).

La formation des THM ne serait donc pas observée en parallèle avec la formation des chloramines. Les gestionnaires des stations de traitement pourraient ainsi être tentés de faire confiance aux chloramines en considérant que le chlore combiné ne produit pas de THM en présence d'eaux riches en substances humiques.

Cependant, il ne faut pas oublier la très faible vitesse de désinfection des chloramines et leur faible pouvoir oxydant comparés à ceux du chlore libre.

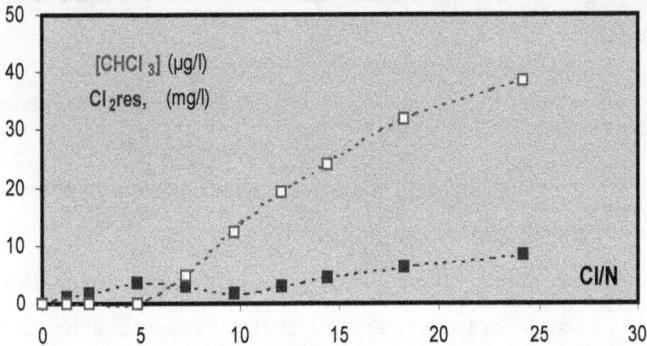

Figure 19: Influence du taux Cl/N sur l'évolution du chlore résiduel (■) et du chloroforme (□)pour les SH en eau distillée. SH : 10 mg/l ; NH_4^+ : 2 mg/l ; t = 2 heures.

Lorsque la dilution des SH s'effectue dans des eaux minéralisées, nous observons également les effets de translation du rapport Cl/N correspondant au "break-point et variant avec la minéralisation du milieu (figure 20).

En conséquence, nous pouvons déduire que la détermination du "break-point" et le déroulement des réactions compétitives entre le chlore, l'ammoniaque et la matière organique pourra dépendre non seulement de la teneur en azote ammoniacal mais aussi de la réactivité des composés organiques en présence ainsi que celle d'entités minérales prédominantes dans la composition minérale d'une eau.

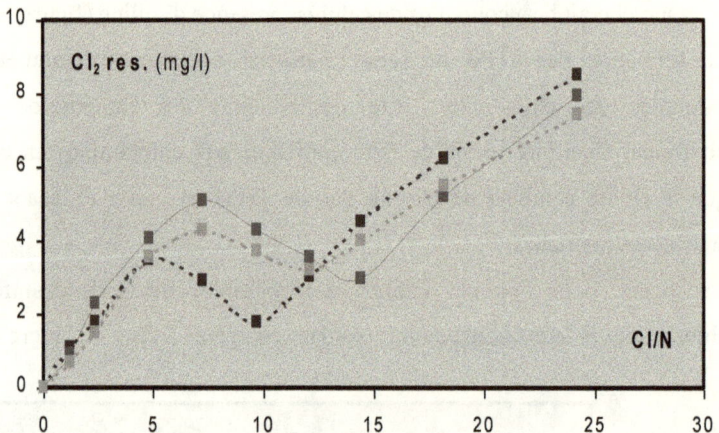

Figure 20 : Influence du taux Cl/N sur l'évolution du chlore résiduel pour les SH dans différentes eaux. SH : 10 mg/l ; NH_4^+ : 2 mg/l; t = 2 heures. (■) Eau distillée ; (■) Eau Ifri ; (■) Eau Drauh.

III.5. Influence des bromures sur les consommations en chlore par les composés organiques

Certaines structures géologiques peuvent induire une dissolution accrue de ces ions et aboutir à des teneurs de plusieurs mg/l associées à des teneurs élevées en chlorures. Ce serait le cas de la plupart des eaux du Sahara septentrional en Algérie (Schoeller, 1956). Par ailleurs, au cours de la chloration, les ions bromures sont susceptibles de s'oxyder en acide hypobromeux lequel pourra ensuite, par réaction sur la micropollution minérale ou organique, conduire à des dérivés bromés.Les résultats de potentiels de consommation en chlore sont présentés sur la figure 21.

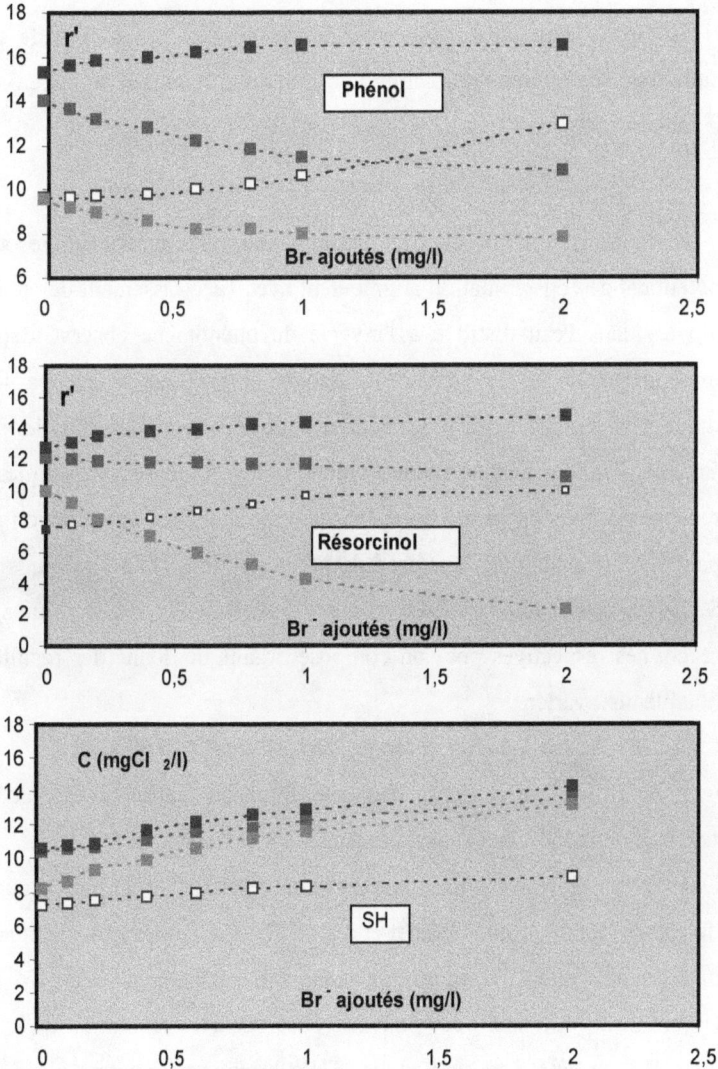

Figure 21: Influence des bromures sur les consommations en chlore par les composés organiques. [phénol] = 1,064.10^{-4} mole/l ; [résorcinol] = 9,09.10^{-5} mole/l ; SH : 10 mg/l ; r = 20 ; m = 2 ; t = 24 heures. (□) Eau distillée ; (■) Eau Ifri ; (■) Eau Drauh ; (■) Eau d'oued Biskra.

91

Ces résultats montrent que les bromures ajoutés induisent des effets variables sur la consommation en chlore qui semblent dépendre à la fois de la structure du composé organique testé et de la composition minérale du milieu de dilution.

Il est possible de distinguer entre les résultats obtenus lors de la présence simultanée de bromures et d'ammoniaque (eau d'oued Biskra) et ceux en absence d'ammoniaque.

III.5.1. *Influence des bromures en absence d'ammoniaque*

Pour les composés aromatiques simples (phénol et résorcinol), les potentiels de consommation augmentent avec l'accroissement des teneurs en Br⁻ ajoutés dans l'eau distillée à l'inverse du phénomène observé dans les eaux minéralisées exemptes d'azote ammoniacal et pour lesquelles il y a une diminution assez nette dans les potentiels de consommation en chlore.

En eau distillée, tout se passe comme si les composés organiques fortement réactifs vis-à-vis du chlore donnaient lieu rapidement à une réaction d'oxydation par le chlore avant que ne se produisent les réactions chlore/bromures.

Selon les proportions relatives en teneurs en HOCl et HOBr formés et de leurs réactivités respectives pour un composé organique donné, les résultats peuvent notablement varier.

Ceci peut aboutir à la formation de dérivés aussi bien chlorés que bromés avec une répartition variable par exemple entre les THM chlorés et bromés en fonction des conditions expérimentales.

Dans le cas du résorcinol, la réactivité de ce composé est plus grande vis-à-vis du chlore que du brome (Merlet et al., 1982) et le chloroforme peut se former en même temps que le bromoforme même lorsque les teneurs en Br⁻ augmentent (figure 22). Toutefois, nous pouvons observer une diminution de la production en $CHCl_3$ au fur et à mesure que les THM bromés augmentent.

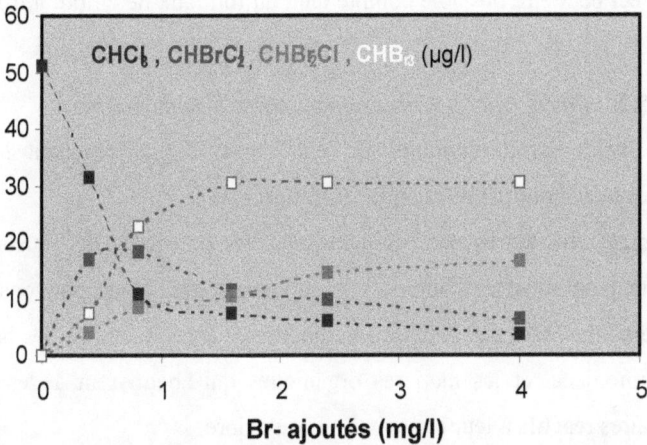

Figure 22: Influence de teneurs variables en bromures sur la formation des THM lors de la chloration du résorcinol ($9,09.10^{-6}$ mole/l) ;

r = 20 ; t = 2 heures ; pH = 7.

Lorsque le milieu de dilution des composés organiques est minéralisé, il est possible que l'on aboutisse à une réactivité plus grande du composé organique vis-à-vis du brome présent en solution qui aurait réagi plus rapidement avec le chlore qu'en eau distillée. Ce qui expliquerait les diminutions significatives des potentiels de consommation en chlore en eaux d'Ifri et plus particulièrement en eau de Drauh plus minéralisée.

Ces hypothèses peuvent être corroborées par d'autres auteurs (Bean et al., 1980; Merlet, 1986) qui montrent que bien que le chloroforme soit généralement le THM prédominant dans les eaux douces, le bromoforme peut constituer l'entité majoritaire pour des eaux dont la salinité est seulement de 3% de celle de l'eau de mer et pour 2 mg/l de bromures.

Concernant les résultats obtenus par chloration des SH en présence de bromures, l'augmentation des teneurs en Br⁻ induit dans tous les cas un accroissement du potentiel de consommation en chlore par suite de l'oxydation simultanée des ions bromures et des sites réactifs présents dans la structure de l'humate de sodium. Ceci peut être possible compte tenu du fort taux de chlore introduit lors des essais.

III.5.2. *Influence des bromures en présence d'ammoniaque*

Les essais ont été conduits sur l'eau d'oued Biskra contenant 2 mg/l de NH_4^+ et des teneurs croissantes en Br^- (Cf. figure 21).

Contrairement aux autres eaux minéralisées, les potentiels de consommation augmentent pour tous les composés organiques testés. Nous pouvons déduire qu'il y a probablement des réactions compétitives entre le chlore, les bromures, l'azote ammoniacal et les matières organiques qui aboutissent à des produits intermédiaires réactifs à leur tour vis-à-vis du chlore.

Toutefois, cette augmentation des potentiels pourrait être conditionnée d'une part par les proportions relatives Br^-/NH_4^+ et d'autre part par la structure plus ou moins complexe et donc la réactivité du composé organique considéré.

Ainsi, pour une teneur en bromures introduits de 1 mg/l, le potentiel de consommation en chlore augmente de 7,5%, 11,5% et 17,6% respectivement pour le phénol, le résorcinol et l'humate de sodium.

III.6. Influence des chlorures et des sulfates sur les potentiels de consommation en chlore

Nous avions précédemment supposé que les faibles potentiels de consommation en chlore dans l'eau de Drauh pouvaient être attribués à la présence de teneurs élevées en chlorures et sulfates.

Bien que les mécanismes réactionnels entre les chlorures, les sulfates et le chlore ne soient pas actuellement connus, il nous a semblé intéressant d'observer le devenir de la réactivité du chlore vis-à-vis de la matière organique en présence de teneurs variables en chlorures et en sulfates aussi bien en eau distillée qu'en eaux minéralisées (Ifri et Drauh).

Nous présentons, à titre d'exemple, sur les figures 23 et 24 l'incidence des chlorures et des sulfates sur le chlore consommé par les SH.

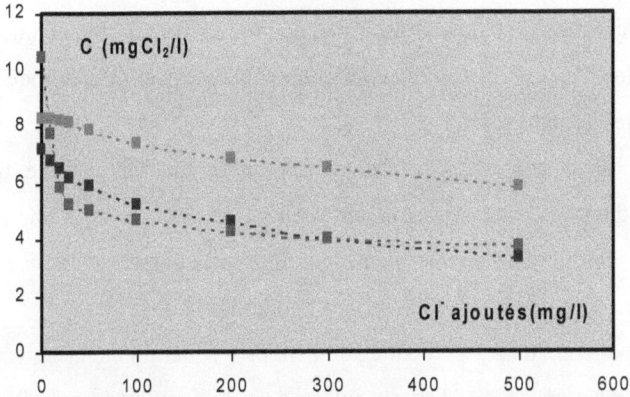

Figure 23: Influence des chlorures sur la consommation en chlore par les SH (10mg/l). m = 2, t = 24 heures.
(■) Eau distillée ; (■) Eau Ifri ; (■) Eau Drauh.

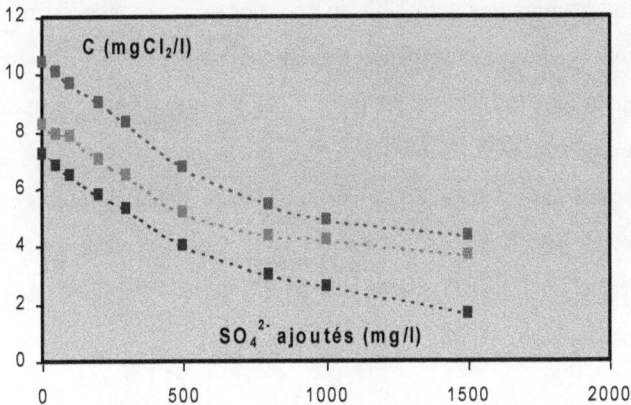

Figure 24: Influence des sulfates sur la consommation en chlore par les SH (10 mg/l). m = 2, t = 24 heures.
(■) Eau distillée ; (■) Eau Ifri ; (■) Eau Drauh.

Les essais réalisés ont montré pour tous les composés organiques testés (phénol, résorcinol et SH) une dégradation importante des potentiels de consommation en chlore au fur et à mesure que les teneurs en Cl^- et SO_4^{2-} introduites augmentent (Guergazi et Achour, 1998).

La diminution du chlore consommé, déduite de l'observation d'une augmentation dans tous les cas du chlore résiduel en solution, peut être expliquée en émettant diverses hypothèses.

Il est ainsi possible que l'augmentation de la conductivité du milieu par l'introduction de teneurs croissantes en Cl^- et SO_4^{2-} induise une élévation de la force ionique telle qu'elle puisse entraîner une baisse de l'activité de l'élément chlore.

L'introduction d'ions Cl^- peut également provoquer un déplacement de l'équilibre de la réaction d'hydrolyse du chlore dans le sens inverse de la formation des chlorures entraînant une augmentation du chlore moléculaire (Achour et Guergazi, 2002).

Il semble également que la formation d'espèces chlorées tel l'ion Cl_3^- soit thermodynamiquement possible en présence de fortes teneurs en chlorures.

Ces entités chlorées ont généralement des pouvoirs d'oxydation de la matière organique plus faibles que l'entité $Cl^{\delta+}$ qui résulte de la rupture hétérolytique de l'acide hypochloreux HOCl (Doré, 1989 ; Merlet, 1986).

En résumé, nous pouvons conclure que la présence de chlorures et de sulfates en teneurs élevées lors de la chloration d'une eau de surface conduira à un milieu réactionnel complexe du fait de leur incidence sur la demande de cette eau.

III.7. Conclusion

Les résultats présentés au cours de ce chapitre ont permis de montrer que les composés organiques testés restaient très réactifs vis-à-vis du chlore quelque soit la minéralisation de leur milieu de dilution.

Les différences de réactivité entre les composés simples (phénol, résorcinol, aniline) et complexes (SH), déjà observées en eau distillée ont pu également être mises en évidence dans les milieux minéralisés.

En particulier, les SH présentent une réactivité intermédiaire entre celle de composés de type phénol ou aniline et celle d'un composé tel le résorcinol aussi bien pour les consommations en chlore que pour la production de chloroforme.

Cependant, le calcul des écarts entre les potentiels de consommation en chlore en eau distillée et ceux en eaux minéralisées a mis en exergue l'incidence de la minéralisation sur la réaction chlore/matière organique, soit globalement, soit par le biais d'éléments minéraux spécifiques contenus dans ces eaux.

De même, des paramètres réactionnels tels le pH et le temps de réaction ont montré un impact certain sur le déroulement de la réaction entre le chlore et le composé organique.

Pour les composés testés, le pouvoir d'oxydation du chlore s'est exercé plus énergiquement à pH neutre dans la majorité des cas et le suivi des cinétiques de consommation en chlore a montré que l'influence de la minéralisation s'exerçait essentiellement durant la phase rapide de la réaction de chloration, soit durant les 5 premières minutes.

Lorsque certains éléments minéraux ont été considérés individuellement, nous avons pu observer qu'ils pouvaient jouer un rôle spécifique dans la diminution ou l'augmentation des potentiels de consommation en chlore en fonction de leur vitesse de réaction avec le chlore et/ou la matière organique et de leurs concentrations relatives dans l'eau.

En présence d'azote ammoniacal, la chloration d'eaux riches en matières organiques mènera impérativement à des réactions compétitives chlore/ammoniaque et chlore/matière organique. Les courbes de "break-point" présentent un déplacement du point de rupture vers les forts taux de chloration d'une manière plus ou moins importante selon la composante minérale de l'eau traitée. Parallèlement à ces réactions, le chloroforme peut se former en quantité notable avant le "break-point".

En présence de teneurs significatives de bromures dans l'eau, des dérivés organobromés souvent plus toxiques que $CHCl_3$ sont susceptibles de se former.

Cependant, il apparaît très délicat d'effectuer des prévisions de la demande en chlore d'une eau contenant à la fois des bromures, des ions ammonium et dont la source en matière organique est mal connue ou complexe.

De plus, l'intervention d'éléments minéraux comme les chlorures et les sulfates qui, jusque là n'étaient pas pris en compte, peuvent compliquer encore le schéma des réactions de chloration des différentes entités.

Tout ceci nous incite à conclure que le comportement du chlore dans les eaux minéralisées ne sera pas le même qu'en eaux douces.

Nous allons vérifier, si cette affirmation est fondée ou non lors d'une application sur des eaux de surface algériennes.

CHAPITRE IV: Application à la chloration d'eaux de barrages algériens

IV.1. Introduction

Depuis plusieurs années, l'approvisionnement de la population en eau potable, l'alimentation des centres industriels et celle de l'agriculture a été au centre des préoccupations de l'Algérie.

Etant donnés les besoins grandissants (pression démographique, urbanisation rapide,...) et l'épuisement progressifs des réserves souterraines du nord du pays, le secteur de l'hydraulique s'est orienté vers une mobilisation croissante des eaux de surface.

Concernant la qualité de ces eaux, les analyses disponibles (ANRH, 2005; Achour et al, 2009) tendent à montrer que ces eaux correspondent rarement aux exigences de l'alimentation en eau potable, notamment du point de vue organique.

Lors de la chloration de ce type d'eau, le danger de formation de composés organohalogénés potentiellement toxiques est réel, en particulier lorsque les doses de chlore introduit sont majorées (Achour et Moussaoui, 1993a et b).

La chloration étant l'unique procédé de désinfection utilisé (eau de Javel ou chlore gazeux), il nous a paru intéressant d'observer son impact sur quelques eaux de surface algériennes d'origines diverses.

Après la détermination des principales caractéristiques physico-chimiques des eaux considérées, l'incidence de la chloration a été évaluée par la détermination des consommations en chlore et éventuellement par la production de composés organohalogénés volatils ou non volatils.

IV.2. Caractéristiques physico-chimiques des eaux testées

IV.2.1. Procédure expérimentale

Les échantillons d'eaux brutes prélevés concernent :

• Le barrage de Keddara alimentant la station de traitement de Boudouaou et desservant l'agglomération d'Alger.

• La retenue sur l'oued Djemaâ et desservant certaines localités de la région d'Aïn-El-Hammam (Tizi-Ouzou).

• Le barrage implanté sur l'oued Sellam, alimentant la station d'Aïn Zada et assurant les besoins en eaux potables et industrielles des villes de Sétif, Bordj-Bou-Arriredj et El-Eulma.

• Le barrage Hammam Ghrouz localisé en amont du village d'oued Athmania et approvisionnant une partie de la ville de Constantine.

• Le barrage Foum El Gherza situé sur l'oued EL-Biod, à l'est de la ville de Biskra et destiné actuellement à l'irrigation de la région de Sidi-Okba.

Les paramètres globaux de qualité suivants ont été déterminés: pH, turbidité par néphélométrie, dureté totale (TH) et calcique par complexométrie, titre alcalimétrique complet (TAC), minéralisation totale par mesure de la conductivité, les chlorures par la
Méthode de Mohr, les sulfates par gravimétrie, l'azote ammoniacal par la méthode au bleu d'indophénol (Rodier, 1996; Tardat-Henry, 1984).

La charge organique a été caractérisée selon le cas par :

- L'oxydabilité au permanganate de potassium à chaud, en milieu acide.

- La demande chimique en oxygène (DCO) par oxydation au bichromate de potassium.

- Le carbone organique total (COT) par voie humide, par oxydation UV/persulfate et détection infrarouge sur appareil DORHMANN DC80 (Achour, 1992).

- L'absorbance en UV mesurée à une longueur d'onde de 254 nm (trajet optique égal à 1cm).

- Le dosage colorimétrique des substances humiques par la méthode des tannins-lignines ($\lambda = 600$ nm). L'étalonnage a été établi en utilisant l'humate de sodium commercial (Achour, 1992).

IV.2.2. Résultats d'analyse des eaux brutes

L'examen des résultats présentés dans le tableau 22 appelle plusieurs remarques concernant la qualité des eaux testées :

• Comparées aux normes recommandées par l'OMS (2004), les valeurs des paramètres globaux tels que le pH, le TH, le TAC et la conductivité indiquent une qualité moyenne de l'eau, voire parfois médiocre (Hammam Ghrouz, Foum El Gherza).

• Deux catégories d'eaux sont à distinguer, celles caractérisées par des minéralisations importantes (conductivités supérieures à 1000 µS/cm) et celles avec des minéralisations moyennes (conductivités de l'ordre de 200 à 600 µS/cm).

• Les eaux sont soit mi-dures (Keddara, Souk El Djemaâ, Aïn Zada) ou très dures avec des TH dépassant largement la norme de 50 °F (Hammam Ghrouz, Foum El Gherza). Ces deux dernières eaux présentent par ailleurs des duretés permanentes élevées correspondant à des teneurs en chlorures et sulfates considérables.

• L'azote ammoniacal est présent dans toutes les eaux mais sa concentration ne dépasse en aucun cas 0,5 mg/l. Les teneurs les plus importantes sont à rapprocher des pratiques agricoles sur les bassins versants avoisinant les barrages.

• La charge organique globale évaluée par l'oxydabilité au $KMnO_4$, par la DCO ou le COT apparaît comme non négligeable, surtout pour l'eau de Hammam Ghrouz.

• Le rapport DCO/DBO$_5$ lorsqu'il peut être calculé (Keddara, Souk El Djemaâ) prend une valeur supérieure à 6 et indiquerait que la matière organique en présence est en grande partie non biodégradable. Les valeurs de densité optique

101

et celles du paramètre tannins-lignines peuvent permettre de supposer que ceci est lié à la présence d'une quantité appréciable en substances humiques.

Tableau 22: Caractéristiques physico-chimiques des eaux de surface testées

Paramètres	E A U X	D E	S U R F A C E		
	Keddara	Souk El Djemaâ	Aïn Zada	Foum El Gherza	Hammam Ghrouz
Température	15	14	20	18	18
Turbidité (NTU)	2,5	4,6	1,5	5,5	4,5
pH	7,5	7,7	7,9	8,2	7,5
Cond (µS/cm)	659	295	1008	1873	1105
TAC (°F)	21	16,0	17,0	10,0	10,0
TH (°F)	29	22,5	30,5	124	102,5
Ca^{2+} (mg/l)	79	64	58	304	135
Mg^{2+} (mg/l)	23	16	29	115	165
Cl^- (mg/l)	17	45,4	157	622	473
SO_4^{2-} (mg/l)	88	51,8	174	2300	550
NH_4^+ (mg/l)	0,28	0,25	0,05	0,40	0,30
Ox. $KMnO_4$ (mgO_2/l)	6,10	5,80	5,25	4,85	10,30
COT (mgC/l)	4,97	5,30	-	-	6,27
DCO (mgO_2/l)	16,7	19,2	-	-	-
DBO_5 (mgO_2/l)	2,52	2,87	-	-	-
DO (λ=254 nm)	0,190	0,185	0,251	0,138	0,315
Tannin-lignines (mgSH/l)	5,8	6,4	6,9	3,2	7,8

Compte tenu des valeurs du COT pour certaines eaux testées et sachant que la teneur en carbone des SH avoisine les 50%, il semble que ces SH représentent environ 60% du COT de ces eaux.

Ceci conduit à conclure qu'à l'heure actuelle, les composés organiques naturels tels les SH seraient encore prépondérants dans la matrice organique des eaux testées. Ils pourraient ainsi représenter les principaux consommateurs de chlore et précurseurs de produits organohalogénés en cas de chloration de ces eaux.

IV.3. Réactivité des eaux testées vis-à-vis du chlore

Au cours de la potabilisation des eaux de surface algériennes, l'usage du chlore peut se voir en pré-chloration et/ou en post-chloration.

Les essais réalisés en laboratoire ont eu pour but d'appréhender la réactivité des eaux testées par la détermination des potentiels de consommation en chlore (PCCl$_2$) et, pour certaines eaux, ceux de formation de trihalométhanes (PFTHM) et d'organohalogénés totaux (PFTOX).

IV.3.1. Procédure expérimentale

Les chlorations sont réalisées en laboratoire sur les différentes eaux préalablement filtrées à un taux de chlore de 20 mg/l et un temps de contact de 72 heures pour la détermination des potentiels de réactivité.

L'influence du taux de chloration (break-point) est observée en introduisant des doses croissantes de chlore dans l'eau du barrage de Keddara.

Les cinétiques de consommation en chlore sont suivies en variant le temps de contact jusqu'à 72 heures pour un taux de chloration de 20 mg/l.

Le chlore consommé est déduit de la mesure du chlore résiduel par iodométrie et les THM ainsi que les TOX sont dosés selon les mêmes procédures décrites dans le chapitre II de cette première partie.

IV.3.2. *Potentiels de réactivité des eaux vis-à-vis du chlore*

Les potentiels de consommation en chlore sont évalués pour toutes les eaux testées alors que les potentiels de formation des THM et TOX sont déterminés seulement pour les eaux de Keddara et Souk El Djemaâ.

IV.3.2.1. *Consommations en chlore*

Au vu des résultats du tableau 23, nous pouvons constater qu'après 72 heures de temps de contact, les demandes en chlore sont considérables et varient de 8,2 à 14,5 mgCl$_2$/l pour les eaux étudiées.

Les différences observées entre les diverses eaux pourraient être corrélables avec leurs caractéristiques physico-chimiques et plus particulièrement les teneurs et la nature des constituants tant organiques que minéraux (Cf. tableau 22).

Tableau 23: Potentiels de consommation en chlore des eaux testées.

20 mgCl$_2$/l ; t = 72 heures

Eaux de surface	Keddara	Souk El Djemaâ	Aïn Zada	Hammam Ghrouz	Foum El Gherza
PCCl$_2$ (mgCl$_2$/l)	8,2	9,3	10,3	14,5	9,4

Nous pouvons ainsi constater que le potentiels (PCCl$_2$) les plus élevés correspondent aux eaux de Hammam Ghrouz et Aïn Zada qui présentent, par rapport aux autres eaux, des teneurs importantes en matières organiques mais surtout en substances humiques (6,9 et 7,8 mgSH/l). Ce qui suggère que la matrice organique de ces eaux est plus réactive vis-à-vis du chlore.

Compte tenu de la faible charge organique d'origine humique dans l'eau de Foum El Gherza, la valeur du potentiel peut être expliquée par la présence de constituants organiques non humiques mais suffisamment réactifs avec le chlore pour aboutir à un potentiel comparable à celui d'Aïn Zada.

Au vu de la teneur en ammoniaque, beaucoup plus élevée dans l'eau de Foum El Gherza que dans l'eau d'Aïn Zada, on aurait pu s'attendre à un potentiel plus conséquent dans l'eau de Foum El Gherza. Toutefois, les concentrations élevées en chlorures et en sulfates dans cette eau peuvent laisser présager un éventuel rôle inhibiteur de ces ions.

En résumé, les consommations en chlore par les diverses eaux analysées sont à relier non seulement à la nature et à la quantité de la charge organique mais aussi à la plus ou moins forte concentration en éléments minéraux consommateurs en chlore (NH_4^+) ou inhibiteurs (Cl^- et SO_4^{2-}).

IV.3.2.2. *Formation des organohalogénés*

Les potentiels de formation de THM ($CHCl_3$, $CHCl_2Br$ et $CHClBr_2$) et de TOX sont déterminés après chloration des eaux de barrage de Keddara et de Souk El Djemaâ. Les analyses préliminaires de ces eaux nous ont permis de vérifier que les teneurs en organohalogénés et surtout en THM étaient nulles ou inférieures au seuil de détection dans les eaux brutes non chlorées.

La formation des THM et des TOX (tableau 24) est donc bien générée par la chloration de ces eaux.

Les potentiels PFTOX sont très importants, de l'ordre de 1000 µgCl⁻/l et les PFTHM sont considérables, soit environ 180 à 200 µg/l. Les teneurs en chloroforme sont élevées et sont assez proches de la norme de 200µg/l recommandée par l'OMS (OMS, 2004).

Bien que faible, la formation de THM bromés est observée et implique la présence de bromures dans les eaux ou imbriqués dans la structure complexe des substances humiques.

Ces SH, constituant environ 60% du COT des eaux de barrage testées, il est donc possible d'affirmer qu'elles constituent les principaux générateurs de ces composés organohalogénés.

Tableau 24: Formation de THM et TOX lors de la chloration des eaux de Keddara et de Souk El Djemaâ. Chlore : 20 mg/l ; t = 72 heures.

	Keddara	Souk El Djemaâ
PCCl$_2$ (mgCl$_2$/l)	7,1	9,3
CHCl$_3$ (µg/l)	169	158
CHCl$_2$Br (µg/l)	32	23
CHClBr$_2$ (µg/l)	07	00
TOX (µgCl$^-$/l)	963	1113

Les teneurs PFTHM et PFTOX déterminées constituent bien sûr les concentrations maximales en organohalogénés pouvant se former lors de la chloration de ces eaux mais ces résultats rejoignent cependant la plupart des données bibliographiques concernant la chloration d'eaux de surface (Norwwood et al., 1985; Legube et al., 1990). De même, Greene et Fadzeau (1988), rapportent qu'en Ecosse, lors de la chloration d'eaux fortement colorées, un maximum de 200 µg/l en THM est souvent atteint et est corrélé à la matière organique totale présente dans ces eaux. Aux USA, Stetler et al. (1984), ont mis en évidence une teneur de 338 µg/l sur une eau préchlorée et en Finlande (Hiisvirta, 1986), l'emploi de doses importantes en chlore (10 à 20 mg/l) combiné à des teneurs élevées en SH conduit régulièrement à des taux en haloforme de 100 à 400 µg/l avec des pointes de 1400 µg/l.

Ces résultats peuvent aussi s'expliquer par la présence de nombreux autres composés réducteurs réagissant compétitivement avec le chlore introduit. Ce serait en particulier le cas de l'azote ammoniacal présent dans ces eaux.

IV.3.3. *Influence du taux de chloration sur la réactivité des eaux*

Cette étape permet de mettre en évidence le rôle de la présence d'azote ammoniacal dans une eau et la détermination du "break-point" de cette eau.

Les essais réalisés sur l'eau du barrage Keddara ont eu pour but d'observer les effets de doses croissantes de chlore sur :

- l'évolution du chlore résiduel (break-point)
- la formation des THM
- l'évolution de la matière organique.

Les résultats regroupés dans le tableau 25 permettent de constater que la chloration n'a que peu d'effet sur l'abattement global de la matière organique (entre 1 et 6% selon le taux de chlore introduit).

Ceci s'explique par le fait que la matière organique n'est que faiblement minéralisée et subit plutôt des oxydations ou des substitutions aboutissant à la formation d'autres composés organiques dont les organohalogénés.

Les substances humiques ne sont suffisamment oxydées que pour des taux de chloration élevés, supérieurs au "break-point".

Le tableau 25 montre également la formation de THM en quantité notable pour un taux inférieur au "break-point". Ce qui est attribué à la présence dans l'eau étudiée de composés réactifs réagissant compétitivement avec la formation et la dégradation des chloramines. Ces composés seraient principalement les substances humiques par le biais de leurs structures aromatiques notamment phénoliques.

Ce qui remet en cause également la pratique de l'étape de préchloration pour les eaux de surface chargées en substances humiques.

Tableau 25: Influence du taux de chloration sur la réactivité de l'eau du barrage Keddara. pH = 7,5 ; t = 1 heure ; NH_4^+ = 0,22 mg/l.

Chlore introduit (mg/l)	0	1	2	4	5	7	12
COT (mgC/l)	5,13	5,08	5,02	4,96	4,92	4,86	4,82
SH (mg/l)	6,8	6,7	6,2	5,2	4,3	3,7	1,9
Cl_2 résiduel (mg/l)	0	0	0,8	1,5	0,6	2,4	6,8
$CHCl_3$ (µg/l)	0	5,3	15,2	50,8	66,7	78,5	85,8
$CHCl_2Br$ (µg/l)	0	0	3,2	6,9	7,6	8,3	9,1
$CHClBr_2$ (µg/l)	0	0	0	0	1,5	2,6	3,4

Ainsi, une étude (Hiisvirta, 1986) met en évidence une réduction de 75% des taux en haloformes formés au cours du traitement d'une eau par simple suppression de l'étape de préchloration.

Un bref essai réalisé sur l'eau de barrage de Foum El Gherza a permis également de montrer que la demande en chlore finale (post-chloration) était diminuée lorsque l'eau ne subissait pas de préchloration avant la coagulation-floculation (tableau 26).

Tableau 26: Demandes en chlore finales (post-chloration) de l'eau de Foum El Gherza

	Eau brute préchlorée	Eau préchlorée coagulée	Eau non préchlorée coagulée
$PCCl_2$ $mgCl_2/l$	9,35	6,85	5,20

IV.3.4. *Influence du temps de réaction sur la consommation*
en chlore par les eaux traitées

Les essais ont concerné les eaux des barrages de Souk El Djemaâ, Aïn Zada et Hammam Ghrouz. L'évolution des cinétiques est présentée sur la figure 25 et met en évidence, tout comme pour les solutions synthétiques de composés organiques (Cf. chapitre II et III), des réactions en deux principales étapes:

- une étape rapide qui correspond à la plus grande partie de la demande en chlore de l'eau
- une étape lente s'étendant sur plusieurs dizaines d'heures, voire plusieurs jours.

La différence essentielle avec les réactions en solutions synthétiques est que la phase rapide de consommation en chlore pour les eaux de surface s'étale sur environ quatre heures. Elle résulte des réactions du chlore sur l'azote ammoniacal et la matière organique réactive (substances humiques, composés métahydroxylés,...).

La phase lente résulte des réactions parallèles à la première phase et la valeur de l'asymptote horizontale vers laquelle tend la consommation en chlore correspond à la demande en chlore à long terme qui sera d'autant plus importante que les produits intermédiaires des réactions entre les produits organiques initiaux et le chlore sont en forte concentration et réactifs vis-à-vis du chlore.

Elle sera également plus élevée en présence de composés à cinétique lente tels que certains acides aminés ou certaines structures cétoniques.

Cette phase lente de consommation en chlore est celle qui est susceptible de se produire dans les réseaux de distribution dont les temps de séjour sont conséquents et dans lesquels la persistance de teneurs significatives de chlore résiduel favorisera la formation de produits indésirables mutagènes ou cancérigènes.

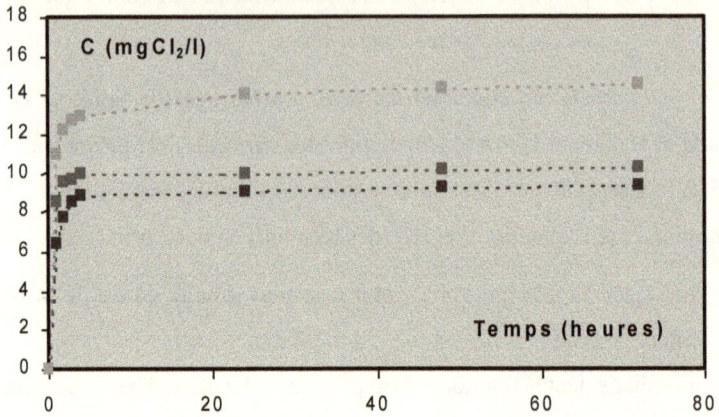

Figure 25: Cinétiques de consommation en chlore par les eaux de surface testées. Chlore résiduel : 20 mg/l. (■) Souk El Djemaâ ; (■) Aïn Zada ; (▨) Hammam Ghrouz.

IV. 4. Elimination des précurseurs d'organohalogénés par floculation et adsorption

La présence de nombreux composés génotoxiques dans les eaux de boisson ayant subi une chloration contribue à exposer les populations à des agents potentiellement dangereux. La qualité des eaux de boisson peut être accrue en améliorant le traitement physico-chimique visant l'obtention d'une eau peu chargée en matières organiques tout en veillant à conserver la qualité microbiologique de l'eau produite. Le recours à la clarification et notamment la coagulation-floculation peut constituer une solution efficace et peu coûteuse pour l'abattement optimal de la matière organique d'une eau.

En Algérie, l'efficacité de tout traitement reste encore subordonnée à certaines contraintes technico économiques propres à la plupart des pays en voie de développement (Achour, 1997 ; Achour, 2001). Il parait donc plus judicieux d'opter pour l'optimisation des conditions opératoires de la coagulation-floculation au sulfate d'aluminium plutôt que le recours à des procédés onéreux et de mise en œuvre complexe (procédés membranaires, oxydation avancée,…).

110

Des essais ont pu être réalisés tant sur solutions synthétiques de composés organiques que sur des eaux de surface, afin de recenser les paramètres influant sur les deux procédés de clarification considérés (floculation et adsorption). L'étude entreprise sur solutions synthétiques de composés organiques (SH, composés phénoliques et carboxyliques, acides aminés) en eau distillée ou en eaux minéralisées aura permis d'apprécier l'impact individuel de paramètres tels que la dose de réactif, la teneur initiale du composé organique, le pH ou le temps de réaction (Achour, 2001 ; Harrat et Achour, 2007 ; Khelili et al, 2011 ; Rezeg et Achour, 2005).

Une combinaison de la floculation au sulfate d'aluminium et de matériaux adsorbants tels que le charbon actif en poudre ou encore la bentonite, introduits avec le coagulant, permet ainsi d'améliorer notablement les rendements d'élimination de la matière organique aromatique.

Sur deux eaux de surface algériennes (eau de Souk El Djemâa et eau de Foum El Gherza), la mise en œuvre de l'étape de floculation a montré que l'utilisation des propriétés adsorbantes de la bentonite au cours de la floculation, pour l'amélioration de la qualité des eaux destinées à l'alimentation humaine semble une solution intéressante pour l'avenir.

La bentonite, à des doses nettement plus faibles qu'en solutions synthétiques, s'est avérée particulièrement efficace pour l'abattement de la matière organique et notamment les précurseurs de THM ainsi que les THM eux-mêmes lorsque l'eau a déjà été chlorée (Achour, 2001 ; Guesbaya et Achour, 2003).

IV.5. Conclusion

Notre étude relative à des eaux de surface algériennes a révélé que les paramètres physico-chimiques de qualité analysés présentaient des valeurs plus ou moins conformes aux normes de potabilité. Cependant, les matières organiques ou minérales pouvaient être considérables et différer d'une eau à une autre.

En particulier, les charges organiques déterminées semblent indiquer que les composés organiques d'origine naturelle et surtout les SH sont encore prépondérants, tout au moins pour les eaux de barrage que nous avons considérées.

La chloration de ces eaux chargées en SH a abouti à des potentiels de réactivité importants vis-à-vis du chlore.

Tous ces potentiels (PCCl$_2$, PFTHM ou PFTOX) ont pu être corrélés à la nature et à la quantité de matières organiques ainsi qu'à la composition minérale de ces eaux (azote ammoniacal, minéralisation totale, chlorures et sulfates,...).

La complexité des schémas de réaction du chlore, mise en évidence lors des essais sur solutions synthétiques, apparaît clairement au cours des essais de détermination du "break-point" des eaux de surface. Nous avons ainsi constaté qu'il pouvait se former des THM parallèlement à la formation des chloramines bien que le chlore injecté rentre rapidement en réaction avec l'ammoniaque présent dans cette eau.

La mise en évidence de la formation de dérivés bromés souvent plus mutagènes que le chloroforme justifie par ailleurs une analyse complète des THM totaux au cours du traitement d'une eau.

De plus, cette chloration induit un abattement limité de la matière organique et pourrait plutôt conduire à une modification de la structure des composés soumis à la chloration.

La limitation des doses de chlore introduit pourrait par contre empêcher la persistance de chlore résiduel libre dans les réseaux de distribution et éviter ainsi les demandes en chlore à long terme.

Enfin, une réduction possible des potentiels de réactivité de l'eau vis-à-vis du chlore (demandes en chlore, formation d'organohalogénés) passerait par l'abattement optimal de précurseurs organiques durant les phases de clarification précédant la désinfection finale.

Conclusion Générale

L'utilisation régulière de la chloration pour désinfecter l'eau a contribué à faire régresser les maladies à transmissions hydriques (MTH). Ce qui peut être considéré comme un facteur déterminant de progrès socio-économique et de bien être pour l'homme.

Il est évident, qu'en Algérie, la chloration reste encore considérée comme un traitement dont le seul objectif est la prévention contre les maladies à transmission hydrique. Ce qui incite certains gestionnaires à majorer les doses de chlore introduit en occultant les effets toxiques à long terme de cette pratique. Pourtant, depuis plusieurs décennies, la connaissance de la réactivité du chlore avec les constituants de l'eau à travers l'Europe et les USA a progressé et elle aura permis d'évaluer non seulement les avantages de la chloration mais aussi les effets négatifs.

En effet, en plus de son pouvoir biocide, l'avantage du chlore est sa relative stabilité permettant de maintenir un résiduel de désinfectant dans le réseau de distribution, siège de réactions pouvant dégrader la qualité de l'eau au cours de son transport dans les canalisations. Ce qui correspondra à la notion de demande en chlore à long terme mise en évidence lors des études cinétiques de consommation en chlore par différentes eaux étudiées.

L'effet négatif le plus connu des consommateurs est un goût désagréable souvent pharmaceutique.

L'apparition de composés organohalogénés tels les trihalométhanes, les acides haloacétiques, etc… y est pour beaucoup et a pour origine la réaction du chlore avec la matière organique contenue dans l'eau. Ceci a pu être mis en évidence sur les eaux de surface algériennes testées dont les potentiels de consommation en chlore (de l'ordre de la dizaine de $mgCl_2/l$), de formation de

THM (supérieurs à 100 µg/l) et de TOX (voisins de 1000 µg/l) sont apparus comme non négligeables.

Ces résultats se rapprochent suffisamment de ceux relevés dans la littérature et qui concernent la chloration d'eaux de surface riches en substances humiques.

Des corrélations peuvent être généralement établies entre les potentiels de réactivité par rapport au chlore et la matrice organique.

Pour notre part, par comparaison avec nos résultats en solutions synthétiques de composés organiques (simples ou complexes), nous avons pu suggérer que les principaux consommateurs en chlore et précurseurs d'organohalogénés étaient la matière organique évaluée selon les cas par l'oxydabilité au $KMnO_4$, le COT, le paramètre tannins-lignine ou l'absorbance en UV. En particulier, les SH représenteraient la fraction prépondérante dans le COT (environ 60% du COT des eaux testées) et leur réactivité s'expliquant en grande partie par la présence dans leur structure de sites hydroxylés ou aminés, fortement réactifs en milieu neutre.

Il ne faut toutefois pas négliger la présence d'autres structures organiques qui peuvent conduire à des consommations en chlore à plus ou moins long terme (au delà de 4 heures de temps de contact) et qui pourraient être par exemple les acides aminés biodégradables et constituant des substrats importants pour une reviviscence bactérienne dans les conduites de distribution.

Le problème se complique encore par l'intervention d'entités minérales telles l'ammoniaque, les bromures ou d'autres éléments beaucoup moins étudiés comme les chlorures et les sulfates.

Tous ces constituants semblent conditionner les consommations en chlore et parfois la formation d'organohalogénés tant sur le plan qualitatif que quantitatif.

Les eaux fortement minéralisées et chargées en SH semblent en particulier être le siège de réactions simultanées ou compétitives selon un schéma complexe qu'il n'est pas encore évident de prévoir sur la base des seules données relatives à la qualité de l'eau brute.

Par rapport aux conditions expérimentales, il est toutefois possible de suggérer qu'en évitant les doses élevées en chlore et les temps de contact prolongés, on puisse contrôler la formation des sous-produits organiques de la chloration (halogénés ou non).

Il s'agit ainsi de parvenir à une meilleure maîtrise des doses d'oxydant et des temps de contact avec l'eau (concept "C.t") suffisants pour une désinfection efficace, mais pas excessifs pour limiter la production de composés toxiques.

Ce qui conduit à approfondir la connaissance des "C.t" pour divers microorganismes, pour des gammes variées de pH et de température et acquérir une totale maîtrise de l'hydraulique des réacteurs industriels de chloration.

Le contrôle des sous-produits toxiques de la chloration ne peut donc s'effectuer que par la modification des performances de l'oxydation/désinfection ou par l'amélioration de celles des phases de traitement avant la désinfection finale.

L'utilisation alternative d'oxydants tels le dioxyde de chlore, l'ozone ou même le permanganate de potassium (Achour et Guergazi, 2009) a montré qu'elle pouvait réduire la formation des composés organohalogénés. Mais Hiisvirta (1986) observe que l'ozone induit l'augmentation d'une activité microbiologique au niveau de la station et dans le réseau du fait de la dégradation des SH en composés organiques facilement assimilables par les microorganismes.

Le bioxyde de chlore ne forme pas de THM mais produit des chlorites et des chlorates qui peuvent être nocifs pour la santé (Ellis, 1991).

De même, le simple déplacement du point de préchloration pourrait aider à diminuer les taux en THM formés. Stetler et al. (1984) ont montré que des diminutions respectives de 27% et 48% des THM se produisaient lorsque l'addition du chlore s'effectuait après l'étape de sédimentation ou celle de filtration.

Notons que l'élimination des haloformes après leur formation par aération ou adsorption sur charbon actif est possible mais elle est difficile, coûteuse et souvent peu performante (Ellis, 1991 ; Degrémont, 2005 ; USEPA, 2005).

Il est donc plus intéressant d'opter pour des traitements préventifs de formation des organohalogénés en optimisant les étapes en amont de la chloration et notamment les étapes de clarification (floculo-décantation, filtration, adsorption). La coagulation-floculation aux sels d'aluminium ou ferriques pourrait ainsi réduire de 70 à 80% les teneurs en SH et donc les teneurs en organohalogénés formés après chloration. Ceci, à condition d'optimiser ces étapes par l'ajustement du pH et le contrôle des doses de réactifs coagulants additionnés à l'eau (Hiisvirta, 1986).

La coagulation-floculation apparaît ainsi, et de plus en plus, comme non seulement un procédé de clarification mais également comme un traitement d'élimination spécifique de la matière organique dissoute (Rezeg et Achour, 2005 ; Ounoki et Achour, 2011).

Un traitement combiné floculation/adsorption est aussi évoqué comme un procédé adéquat pour l'abattement de la charge organique des eaux de surface (Semmens et al., 1986). Pour les eaux algériennes, l'utilisation du charbon actif et de la bentonite en combinaison avec le sulfate d'aluminium a pu donner des résultats intéressants concernant l'élimination de la matière organique aromatique (Achour, 2001 ; Kelili et Achour, 2011 ;Ounoki et Achour, 2011).

Références bibliographiques

ACHOUR S. (1983), Evolution d'acides aminés en station de potabilisation. Incidence de la chloration, DEA Sciences de l'Eau, Université de Poitiers, France.

ACHOUR S. (1992), La chloration des eaux de surface et ses effets sur la formation de composés organohalogénés toxiques, Thèse de Magister en Génie de l'Environnement, ENP, Alger.

ACHOUR S. (2001) ; Incidence des procédés de chloration, de floculation et d'adsorption sur l'évolution de composés organiques et minéraux des eaux naturelles, Thèse de Doctorat, Université de Tizi-ouzou.

ACHOUR S., MOUSSAOUI K. (1993a), Effet de la chloration sur quelques types d'eaux algériennes, Tribune de l'Eau (Cebedeau), 4, 564, 31-34.

ACHOUR S., MOUSSAOUI K. (1993b), La chloration des eaux de surface algériennes et son incidence sur la formation de composés organohalogénés, Environ. Technol., 14, 885-890.

ACHOUR S., GUERGAZI S. (2002), Incidence de la minéralisation des eaux algériennes sur la réactivité de composés organiques vis-à-vis du chlore, Revue des Sciences de l'Eau, Vol. 15, n°3, 649 – 668.

ACHOUR S., GUERGAZI S. (2009), Effet d'un couplage préoxydation au KMnO$_4$/post chloration sur la réactivité de substances humiques aquatiques. Physical Chemical News PCN journal, 48, 122-129.

ACHOUR S., S.GUERGAZI et N. HARRAT (2009), Pollution organique des eaux de barrage de l'est algérien et effet de la chloration. « L'état des ressources en eau au Maghreb en 2009 », Partie IV, Chapitre 14, Ed.UNESCO et GEB-Environnement,Rabat, Maroc.

AFNOR (Norme) (1987), Dosage des composés organohalogénés volatils. Méthode d'espace de tête statique. NFT90-125.

AGBEKODO K.M., CROUE J.P., DARD S., LEGUBE B. (1996), Analyse par HPLC et CG/SM des constituants du carbone organique dissous, du COD biodégradable et des composés organohalogénés d'un perméat de nanofiltration, Rev. Sci. Eau., 9, 4, 535-555.

AGGAZOTTI G., PREDIERI G. (1986), Survey of volatile halogenated organics (VHO) in Italy, Wat. Res., 20, 959-963.

AGHTM (cahiers) (1981), Points de repère sur la désinfection des eaux, Ed. AGHTM, Chap.5, 38-71.

ALOUINI Z., SEUX R., (1987), Cinétique et mécanisme de l'action oxydative de l'hypochlorite sur les acides aminés lors de la désinfection des eaux, Wat. Res., 21, 335-343.

AMES B.N., Mc.CANN J., YAMASAKI E. (1975), Methods for detecting carcinogens and mutagens with the Salmonella/mammalian microsome mutagenicity test, Mutat. Res., 31, 347-358.

APHA, AWWA, WPCF (1989), Standard methods for the examination of water and wastewater, 17th Ed., Washington, D.C. American Public Health Association, 1451p.

BARTLETT D.P. (1935), The rate of the alkaline chlorination of ketones, J. Amer. Chem. Soc., 57, 1596-1600.

BEAN R.M., MANN D.C., WILSON B.W. (1980), Organohalogen production from chlorination of natural waters under simulated biofouling control conditions, In "Water Chlorination : Environmental Impact and Health Effects", R.L. Jolley Ed., Ann Arbor Science Publishers, Vol. 3, 99-108.

BELLAR T.A., LICHTENBERG J.J. (1974), Determining volatile organics at microgram-per-litre levels by gaz chromatography, J. Am. Water. Works Assoc., 66, 739-744.

BENOUFELLA F. (1989), Chloration de quelques acides aminés présents dans les eaux à potabiliser, Thèse de Magister en Chimie, USTHB, Alger.

BLOCK J.C. (1982), Mécanismes d'inactivation des mico-organismes par les oxydants, TSM L'Eau, 11, 521-524.

BOURBIGOT M.M. (1996), La désinfection des eaux : Contraintes-Contradictions-Solutions, L'Eau, l'Industrie, les Nuisances, 195, 24-26.

BRUN G.L., Mac DONALD R.M. (1980), Potentially hazardous substances in surface waters, Bull. Env. Contam. Toxicol., 24, 886-893.

BULL R.J., ROBINSON M., MEIER J.R. (1982), The use of bilogical assay systems to assess the relative carcinogenic hazard of disinfection by-products, Environ. Health-perspect., 46, 215-227.

CHANG S.L. (1944), Destruction of mico-organism, J. Am. Water Works Assoc., 36, 1192-1207.

CLARK R.M., LYKINS B.W., BLOCK J.C., WYMER L.J., REASONER D.J. (1994), Water quality changes in a simulated distribution system, J. Water SRT-Aqua, 43, 6, 263-277.

COLEMAN W.E., MELTON R.E., KOPFLER F.C., BARONE K.A. (1980), identification of organic compounds in a mutagenic extract of a surace drinking water by a computerized gaz chromatigraphy/mass spectrometry system, Environ. Sci. Technol., 14, 576-588.

COLEMAN W.E., MUNCH J.W., KAYLOR W.H., STREICHER R.P., RINGHAND H.P., MEIER J.R.(1984), Gaz chromatography/mass spectroscopy analysis of mutagenic extacts of aqueous chlorinated humic acid. A comparison of the by-products to drinking water contaminants, Environ. Sci. technol., 18, 674-681.

CROUE J.P. (1987), Contribution à l'étude de l'oxydation par le chlore et l'ozone d'acides fulviques naturels extraits d'eaux de surface, Thèse de Docteur d'Université, Poitiers, France.

CULP R.L. (1974), Break-point chlorination of virus inactivation, J. Am. Water Works Assoc., 66, 699-702.

DE LAAT J., MERLET N., DORE M. (1982), Chloration de composés organiques : Demande en chlore et réactivité vis-à-vis de la formation de trihalométhanes, Wat. Res., 16, 1437-1450.

DEGREMONT (2005), Memento technique de l'eau, 10ème Ed., Ed. Lavoisier, Paris, Tome 1, 575-581.

DESJARDINS R., LAVOIE J., LAFRANCE P., PREVOST M. (1991), Comparaison de l'évolution de la qualité de l'eau dans deux réseaux de distribution, Sci. et Tech. de l'Eau, 24, 4, 321-331.

DORE M. (1989), Chimie des oxydants-Traitement des eaux, Ed. Lavoisier, Paris.

DOSSIER-BERNE F., MERLET N., CAUCHI B., LEGUBE B. (1996), Evolution des acides aminés et de la matière organique dissoute dans une filière de production d'eau potable : Corrélations avec le carbone organique dissous biodégradable et le potentiel de demande en chlore à long terme, Rev. Sci. Eau, 9, 1, 115-133.

ELLIS K.V. (1991), Water disinfection : A review with some consideration of the requirements of the third world, Crit. Rev. Environ. Control, 20, 5-6, 341-407.

FAIR G.M., MORRIS J.C. (1948), The behaviour of chlorine as a water disinfection, J. Am. Water Works Assoc., 40, 1051-1059.

GIANISSIS D., LE CLOIREC C., DORANGE G., MARTIN G. (1985), Efficacité de la chloration sur l'élimination du manganèse en présence de substances humiques, J. Water SRT Aqua, 4, 199-203.

GOULD J.P., HAY T.R. (1982), The nature of the reactions between chlorine and purine and pyrimidine bases : products and kinetics, Wat. Sci. Tech., 14, 629-640.

GREENE L.A., FADZEAU C.J. (1988), Upgrading disinfection installations in strathclyde region, Inst. Water Environ. Manage., 2, 6, 632-644.

GRIFFIN A.E., CHAMBERLAIN N.S. (1941), Some chemical aspects of breakpoint chlorination, J. N. Engl. Water Works Assoc., 55, 371-381.

GRIVAULT G. (1996), Les produits phytosanitaires : une vaste gamme de substances, des utilisations variées. L'exemple de la Bretagne, L'Eau, l'Industrie, les Nuisances, 189, 48-52.

GRONDIN P.M. (1996), Chloration en milieu rural et dans les pays en voie de développement, Cahier n°10- Actes de la réunion organisée par le pS-Eau en décembre 1993, 50 pages.

GRUAU G., BIRGAND F., JARDE E., NOVINCE E. (2004), Pollution des captages d'eau brute de Bretagne par les matières organiques, rapport DRASS et région Bretagne.

GUERGAZI S., ACHOUR S. (1996), Action du chlore sur les composés organiques et incidence de la minéralisation d'une eau de surface, 1er Séminaire Maghrébin sur l'Eau, Tizi-Ouzou.

GUERGAZI S., ACHOUR S. (1998), Effets des chlorures et des sulfates sur la chloration de la matière organique, 3ème Séminaire National sur l'hydraulique, Université de Biskra.

GUESBAYA N., ACHOUR, S. (2003), Effet de la combinaison floculation-adsorption sur la qualité d'eaux naturelles, Larhyss Journal, n°02, 83-89.

HARRAT N., ACHOUR S. (2007), Pollution des eaux de barrages de la région d'El Tarf et impact sur leur traitement, 1ères Rencontres Internationales sur l'Economie de l'Environnement « Industries et Environnement », 18 et 19 Novembre, Université d'Annaba.

HIISVIRTA L.O. (1986), Problems of disinfection of surface water with a high content of natural organic material, Water Supply, 4, 53-59.

HUREIKI L., GAUTHIER C., PREVOST M. (1996), Etude de l'évolution des acides aminés totaux dans deux filières de traitement d'eau potable, Rev. Sci. Eau, 9, 3, 297-318.

JACKSON D.F., LARSON R.A., SNOEYINK V.L. (1987), Reactions of chlorine and chlorine dioxide with resorcinol in aqueous solution and adsorbed on granular activated carbon, Wat. Res., 21, 849-857.

ADAS-HECART A., EL MORER A., STITOU M., BOUILLOT P., LEGUBE B. (1992), Modélisation de la demande en chlore d'une eau traitée, Wat. Res., 26, 8, 1073-1084.

JENKINS R.L., HASKINS J.E., CARMONA L.G., BAIRD R.B. (1978), Chlorination of benzidine and other aromatic amines in aqueous environnements, Arch. Environ. Contam. Toxicol., 7, 301-305.

KAEDING U.W., DRIKAS M., DELLAVERDE P.J., MARTIN D., SMITH M.K. (1992), A direct comparison between aluminium sulphate and polyaluminium chloride as coagulants in a water treatment plant, Water Supply, 10, 4, 119-132.

KANTOUCH A., ABDEL-FATTAH S.H. (1971), Action of sodium hypochlorite on α-amino-acids, Chem. Zvesti, 25, 222-230.

KEITH L.H. (1976), Determination of chlorination effects on organic constituents in natural waters and process waters using HPLC, In "Identification and analysis of organics pollutants in water", L.H. KEITH Ed., Ann Arbor Science Publishers, Chap.15, 233-246.

KHELILI H., ACHOUR S., REZEG A. (2011), Efficacité du sulfate d'aluminium et du charbon actif face à des polluants organiques aromatiques, LARHYSS Journal, 9, 99-110.

KOPFLER F.C., RINGHAND H.P., COLEMAN W.E. (1984), Reactions of chlorine in drinking water, with humic acids and In Vivo, In "Water Chlorination : Environmental Impact and Health Effects", R.L. JOLLEY Ed., Ann Arbor Science Publishers, Vol. 5, 161-173.

KOSTYAL E., SASKI E., SALKINOJA-SALONEN M. (1994), Organic contaminant survey of drinkings waters, mineral waters ans natural waters in Eastern and Central European countries, J. Water SRT Aqua, 43, 6, 296-302.

KRUITHOF J.C, SCHIPPERS JC., VAN DIJK J.C. (1994), Drinking-water production from surface water in the 1990s., J. Water SRT Aqua, 43, 2, 47-57.

LA FERRIERE, M., LEVALLOIS, P., GINGRAS, S. (1999), La problématique des trihalométhanes dans les réseaux d'eau potable s'alimentant en eau de surface dans le Bas St-Laurent. Environnement, 38-43.

LARAQUE A., MIETTON M., OLIVRY J.C., PANDI A. (1996), Influence des couvertures lithologiques et végétales sur les régimes et la qualité des eaux des affluents congolais du fleuve Congo, Rev. Sci. Eau, 11, 2, 209-224.

LE CLOIREC C. (1984), Analyse et évolution de la micropollution organique azotée dans les stations d'eau potable. Effet de la chloration sur les acides aminés, Thèse de Docteur Ingénieur, ENSCR, Université de Rennes I.

LE CLOIREC C., LE CLOIREC P., MORVAN J., MARTIN G. (1983), Formes de l'azote organique dans les eaux de surface brutes et en cours de potabilisation, Rev. Sci. Eau, 2, 25-39.

LE CLOIREC P., LELACHEUR R.M., JOHNSON J.D., CHRISTMAN R.F. (1990), Resin concentration of by-products from chlorination of aquatic humic substances, Wat. Res., 24, 9, 1151-1155.

LE CURIEUX F., MARZIN D., BRICE A., ERB F. (1996), Utilisation de trois tests de génotoxicité pour l'étude de l'activité génotoxique de composés organohalogénés, d'acides fulviques chlorés et d'échantillons d'eau en cours de traitement de potabilisation, Rev. Sci. Eau, 9, 1, 75-95.

LECLERC H. (1988), Microbiologie : Le tube digestif, l'eau et les aliments, Ed. Doin, Paris, partie III, 327-380.

LEGUBE B., XIONG F., CROUE J.P., DORE M. (1990), Etude sur les acides fulviques extraits d'eaux superficielles françaises (extraction, caractérisation et réactivité avec le chlore), Rev. Sci. Eau, 3, 399-424.

LÉVESQUE, B., AYOTTE, P., TARDIF, R., FERRON, L., SCHLOUCH, E., GINGRAS, G., LEVALLOIS, P., DEWAILLY, E.(2002), Cancer risk associated with household exposure to chloroform, Journal Toxicol Environ Health A, 65, (7), 489-502

LIPPY E.C. (1986), Chlorination to prevent and control waterborne diseases, J. Am. Water Works Assoc., 78, 1, 49-53.

MAC CARTHY P., DE LUCA S.J., VOORHEES K.J. (1985), Pyrolisis-mass spectrometry/pattern recognition on a well-characterized of humic samples, Geochim.Cosmochim.Acta, 49, 2091-2096.

MALLEVIALE J., SCHMITT E., BRUCHET A. (1982), Composés organiques azotés dans les eaux : Inventaire et évolution dans différentes filières industrielles de production d'eau potable, Journées Informations Eaux, Tome 1, Poitiers.

MARTIN G. (1979), Le problème de l'azote dans les eaux, Ed. Tech. et Doc., Lavoisier, Paris, Chap.18, 231-246.

MEIER J.R. (1988), Genotoxic activity of organic chemicals in drinking water, Mutat. Res., 196, 211-245.

MEIER J.R., LINGG R.D., BULL R.J. (1983), Formation of mutagens following chlorination of humic acid : a model for mutagen formation during water treatment, Mutat. Res., 118, 25-41.

MERLET N. (1986), Contribution à l'étude du mécanisme de formation des trihalométhanes et des composés organohalogénés non volatils lors de la chloration de molécules modèles, Doctorat Es Sciences Physiques, Université de Poitiers, France.

MERLET N., DE LAAT J., DORE M. (1982), Oxydation des bromures au cours de la chloration des eaux de surface - Incidence sur la producion de composés organohalogénés, Rev. Sci. Eau, 1, 215-231.

MONTIEL, A.D., GATEL, D.Y., LEVI, Y.P., BOUDOURESQUE, P., LEGER, G., LEFEBVRE, E., MAGNIN, N. (1996), Maîtrise de la désinfection de l'eau et des sous – produits de désinfection, TSM ,7,(8), 516-523.

MORLAY C., DE LAAT J., DORE M. (1992), Effect of sodium sulfite on the mutagenicity of chlorinated drinking water, Bull. Environ. Contam. Toxicol., 49, 772-779.

MORRIS R.D., AUDET A.M., ANGELILLO I.F. (1992), Chlorination, chlorination by-products, and cancer : A meta-analysis, Am. j. public health, 82, 7, 955-963.

MURPHY K.L., ZALOUM R. (1975), Effect on chlorination practice on soluble organics, Wat. Res., 9 , 389-396.

NAKACHE F., DEGUIN A., KERNEIS A. (1996), Evolution dans un réseau de distribution des micro-organismes et d'un nutriment : le CODB, Rev. Sci. Eau, 9, 4, 499-521.

NORWOOD D.L., CHRISTMAN R.F. (1987), Structural characterization of aquatic humic material phenolic content and its relationship to chlorination mechanism in an isolated aquatic fulvic acid, Environ. Sci. Technol., 21, 791-798.

NORWOOD D.L., THOMPSON G.P., St. AUBIN J.J., MILLINGTON D.S. (1985), By- products of chlorination : Specific compounds and their relationship to total organic halogen, Michigan, Lewis Publ., INC/Drinking water Res. Found., 109-121.

OLIVER B.G. (1983), Dihaloacetonitriles in drinking water: Algae and fulvic acid as precursors, Environ. Sci. Technol., 17, 80-83.

OLIVER B.G., VISSER A.S. (1980), Chloroform production from the chlorination of aquatic humic material : The effect of molecular Weight, environment and season, Wat. Res., 14, 1137-1141.

OMS (1998), Guidelines for drinking water quality, 3rd Ed, Vol. 2, Health criteria and other supporting information-Trihalomethanes, Geneva.

OMS (2004), Guidelines for drinking-water quality, 3rd Ed, Vol. 1, recommendation World Health Organization, Geneva, 542 p.

OUNOKI S., ACHOUR S.(2011), Réactivité de la tyrosine au cours de la chloration et de la floculation par la combinaison sulfate d'aluminium/charbon actif en poudre, Courrier du Savoir Scientifique et Technique, 11, 101-105.

PALIN A.T. (1950), A study of the chloro-derivatives of ammonia and related compounds with special reference to their formation in the chlorination of natural and polluted waters, Water Water Eng., 54, 151-189.

PEREIRA M. (1981), Carcinogenicity of chlorination by-products trihalomethanes. In " Water Chlorination : Environmental Impact and Health effects", RL JOLLEY Ed., Ann Arbor Science Publishers, Vol. 4.

REKHOW D.A. (1984), Oorganic halide formation and the use of pre-ozonation and alun coagulation to control organic halide precursors, Ph.D. Thesis, Chapel Hill, North. Carolina, USA.

REZEG A., ACHOUR S. (2005), Elimination d'acides organiques aromatiques par coagulation-floculation au sulfate d'aluminium, Larhyss Journal, 04, 141-152.

RICHARDSON S.D., PLEWA M.J., WAGNER E.D.(2007), Occurrence, genotoxicity, and carcinogenicity of regulated and emerging disinfection by-products in drinking water: A review and roadmap for research. Mutat. Res. Rev, 636, 1–3, 178–242.

RODIER J. (1996), L'analyse de l'eau : Eaux naturelles, eaux résiduaires, eaux de mer, Ed. Dunod, 8ème Edition, Paris.

ROOK J.J. (1974), Formation of haloforms during chlorination of natural waters, J. Water Treat. Exam., 23, 234-243.

ROOK J.J (1980), Possible pathways for the formation of chlorinated degradation products during chlorination of humic acids and resorcinol. In " Water chlorination : Environmental Impact and Health Effects", R.L. JOLLEY Ed., Ann Arbor Science Publishers, Vol. 3, 85-90.

SERODES J.B., RODRIGUEZ M.J., LI H., BOUCHARD C.,(2003),Occurrence of THMs and HAAs in experimental chlorinated waters of the Quebec city area (Canada), Chemosphere, 51, 4, 253-263.

SEMMENS M.J. (1979), Organics removal by coagulation : A review and research needs, J. Am. Water Works Assoc., 71, 10, 588-603.

SEMMENS M.J., STAPLES A.B., HOHENSTEIN G., NORGAARD G.E. (1986), Influence of coagulation on removal of organics by granular activated carbon, J. Am. Water Works Assoc., 78, 8, 80-84.

SLETTEN O. (1974), Halogens and their role in disinfection, J. Am. Works Assoc., 66, 690-692.

SONTHEIMER M.. (1972), Studies on the improvement of water treatment technology in the lower Rhine region, Gaz Wasserfach, Wasser/Abwasser, 113, 4, 551-559.

STETLER R.E., WARD R.L., WALTRIP S.C. (1984), Enteric virus and indicator bacteria levels in a water treatment system modified to reduce trihalomethane, Appl. Environ. Microbiol., 47, 2, 319-331.

STRUPLER N. (1974), Etude sur la chloration des eaux-Chlore résiduel et formation de chloramines, J. Fr. Hydrol., 15, 31-46.

TARDAT-HENRY M. (1984), Chimie des Eaux, Ed. Le Griffon d'Argile, INC, Quebec.

THURMAN E.M. (1985), Developments in biogeochemistry : Organic geochemistry of natural waters, Ed. NIJHOFF, Dr. W. Junk Publishers, DORDRECHT.

THURMAN E.M., MALCOLM R.L. (1981), Preparative isolation of aquatic humic substances, Environ. Sci. Technol., 15, 463-466.

THURMAN E.M., MALCOLM R.L. (1989), Nitrogen and amino-acids in fulvic and humic acids from the Swannee river, Open File Report, 87-557, 99-118.

THURMAN E.M., WERSHAW R.L. (1982), Molecular size of aquatic humic substances, Org. Geochem., 4, 27-32.

TREHY M.L., BIEBER T.I. (1981), Detection, identification and quantificative analysis of dihaloacetonitriles in chlorinated natural waters. In "Advances in the identification and analysis of organic pollutants in water", L.H. Keith Ed., Ann Arbor Science Publishers, Vol. 2, 433-452.

URANO K., TAKEMASA T. (1986), Formation equation of halogenated compounds when water is chlorinated, Wat. Res., 20, 1555-1560.

USEPA (2005) Technologies and Costs. Document for the Final Long Term 2 Enhanced Surface Water Treatment Rule and Final Stage 2. Disinfectants and Disinfection By-products Rule, Office of Water (4606-M) EPA 815-R- 05-013, Environmental Protection Agency, USA.

VAHALA R. (2002), two-step granular activated carbon filtration in drinking water treatment, Dissertation Doctor of Science in Technology, University of Espoo, Finland.

WATTS C.D., CRATHORNE B., FIELDING M. (1982), Non volatile organic compounds in treated waters, Environ. Health Perspec., 46, 87-99.

WEGMAN R.C. (1981), Aromatic amines in surface waters of the Netherlands, Wat. Res., 15, 391-394.

WEIL I., MORRIS J.C. (1949), Equilibrium studies on N-chloro-compounds, J. Am. Chem. Soc., 71, 3123-3130.

WHITE G.C. (1999), Handbook of chlorination, A Van Nostrand Reinhold Company INC, New York, Chap.I, 33-38.

ZUMSTEIN J., BUFFLE J. (1989), Circulation of pedogenic and aquagenic organic matter in an eutrophic lake, Wat. Res., 23, 229-239.

www.ingramcontent.com/pod-product-compliance
Lightning Source LLC
Chambersburg PA
CBHW021108210326
41598CB00016B/1373